新学習指導要領対応（2022年度）

ドラゴン桜式

数学力ドリル

数学III

12日間で
基礎力が
メキメキUP!

【監修】牛瀧文宏　三田紀房　コルク　モーニング編集部

JN047162

講談社

はじめに

　この計算ドリルは，高等学校の数学Ⅲで登場する計算問題を重点的にドリル練習するための問題集です。2022年度からの高等学校の新学習指導要領実施に準拠するように，今回内容をリニューアルしました。

　このドリルの練習目標はズバリ「見通しを持った計算力を身につけ，高校数学を征服しよう！」です。正確な計算力はいうにおよばず，どんなときにどういった方法を使うのかを見抜くことで，極限や微分・積分の問題に対して見通しを持って当たることのできる力を，ドリル学習で体得してもらうことが本書の目的です。

　計算問題も数学Ⅲほど高度なものになると，いくつもの考え方や操作が必要とされます。たかが計算問題だからといって侮っていると痛い目にあいます。上手に計算練習を行い，多くのパターンに触れることで理解力や直感力が増し，結果として計算にとどまらず，数学に向かう上でのカンや底力が充実していきます。こういった意味で，数学Ⅲまで進んできた人たちが，さらにステップアップするために格好のドリルなのです。

　学習スタイルとしては，まずは自分のペースではじめて，くり返して勉強することをおすすめします。問題のおおまかな難易度を6つの★で表してあるので，学習を進める際の目安にしてください。星の数が多いほど難易度が高くなっています。

　数学Ⅲの計算問題は，これまでの学習内容を総動員します。これまでの数学の学習の中で自信のないところがあったり，不慣れな点があるなと思われるなら，『新学習指導要領対応（2022年度）ドラゴン桜式 数学力ドリル 数学Ⅰ・A』や『新学習指導要領対応（2022年度）ドラゴン桜式 数学力ドリル 数学Ⅱ・B・C』をぜひ併用してみてください。基礎固めの意味もあり，一層大きな効果が得られます。

　最後になりましたが，みなさんの目線に立ったコメントや注意点，素朴な疑問とその答えなどを『ドラゴン桜』のキャラクターたちが語っています。彼らも同じ高校生です。いっしょに勉強を楽しく進めてください。

2022年12月13日

監修者　牛瀧文宏

目 次
CONTENTS

ブックデザイン──安田あたる
本文イラスト───三田紀房・TS スタジオ

　倒産の危機に瀕している私立龍山高等学校。この高校の債権整理を任されて乗り込んできた弁護士・桜木建二は，急に気を変えて再建策を打ち出す。それは「5年後，東大合格者を 100 人出す！」という超進学校化プランだった。その手はじめとして，1 年後の春に最低でも 1 人の東大合格者を出すという。

　しかし，龍山高校のレベルは低く，受験での大学合格者が出ればほとんど奇跡という状態。しかも教師陣からは，進学校化プランへの不満や抵抗，反発が次々と出る。

　桜木は「特別進学クラス（特進クラス）」をつくり，自ら高 3 特進クラスの担任となる。集まった生徒は水野直美と矢島勇介の 2 人。しかし 2 人とも成績は最低，まともに机に向かったことすらない生徒だった。

　桜木によって各教科に優れた教師が招聘される。数学担当として桜木がみこんだのは，受験数学で伝説的な人物の柳鉄之介である。柳の指導のもと，特訓の日々がはじまった。

桜木建二

特別進学クラスの責任者。本来は弁護士でクラスでは社会科を担当。各教科の教師たちとの連携をつねに意識し実践中。効果的な方法を柔軟にとりいれる。

柳鉄之介

抜群の東大進学実績をほこっていた伝説の受験塾"柳塾"の塾長。授業はスパルタ式でよく怒鳴る。実は，生徒に実力がつくよう細やかな工夫をおこたらない人物。

水野直美

龍山高校の 3 年生。ひょんなことから立ち止まって自らの環境を考え，現状の打破のため特進クラスへ。数学は大の苦手。柳の指導で練習の重要性を理解しはじめ，計算問題を特訓している。

矢島勇介

龍山高校の 3 年生。親を見返そうと特進クラスで東大を目指す。数学は全部不得意だと自分で思い込んでいたが，基礎の練習をくり返すうちに，何が弱点なのかはっきりしてきた。

1 ▶次の極限を求めよ。【1問20点】

(1) $\displaystyle \lim_{n \to \infty} \frac{n^2 + 4n}{2n^2 - 1} =$

(2) $\displaystyle \lim_{n \to \infty} \frac{3^n + 2^n}{3^n - 2^n} =$

(3) $\displaystyle \lim_{n \to \infty} \frac{\sin n}{n} =$

2 ▶次の無限級数が収束することを示し，その和を求めよ。

【1問20点】

(1) $\displaystyle \sum_{n=1}^{\infty} \frac{1}{2^n} =$

(2) $\displaystyle \sum_{n=1}^{\infty} \frac{1}{n(n+1)} =$

答えは次のページ ☞

$\dfrac{\infty}{\infty}$型の数列の極限の第一歩は分母の中から「もっとも早く大きくなる"項"」を見つけ，分母分子をそれで割ってみることだ。

桜木MEMO

$r > 1$ のとき，$\displaystyle \lim_{n \to \infty} r^n = \infty$　　　$r = 1$ のとき，$\displaystyle \lim_{n \to \infty} r^n = 1$

$|r| < 1$ のとき，$\displaystyle \lim_{n \to \infty} r^n = 0$　　　$r \leqq -1$ のとき，r^n は振動（極限はない）

$a \neq 0$ のとき，$\displaystyle \sum_{n=1}^{\infty} ar^{n-1}$ は $\begin{cases} |r| < 1 \text{ ならば収束し，和は } \dfrac{a}{1-r} \\ |r| \geqq 1 \text{ ならば発散} \end{cases}$

	点
	点
	点

目標タイム **3** 分	1回目 　分　　秒	2回目 　分　　秒	3回目 　分　　秒

1 (1) $\displaystyle \lim_{n\to\infty} \frac{n^2+4n}{2n^2-1} = \lim_{n\to\infty} \frac{1+\dfrac{4}{n}}{2-\dfrac{1}{n^2}}$

（分母，分子を n^2 で割る）

$= \dfrac{1+0}{2-0}$

（$n\to\infty$ のとき $\dfrac{1}{n^2}\to 0,\ \dfrac{4}{n}\to 0$）

$= \dfrac{1}{2}$

(2) $\displaystyle \lim_{n\to\infty} \frac{3^n+2^n}{3^n-2^n} = \lim_{n\to\infty} \frac{1+\left(\dfrac{2}{3}\right)^n}{1-\left(\dfrac{2}{3}\right)^n}$

（分母，分子を 3^n で割る）

$= \dfrac{1+0}{1-0}$

（$n\to\infty$ のとき $\displaystyle\lim_{n\to\infty}\left(\dfrac{2}{3}\right)^n=0$）

$= 1$

(3) $-1\leqq \sin n \leqq 1$ なので $-\dfrac{1}{n}\leqq \dfrac{\sin n}{n}\leqq \dfrac{1}{n}$

ここで $\displaystyle\lim_{n\to\infty}\left(-\dfrac{1}{n}\right)=0,\ \ \lim_{n\to\infty}\dfrac{1}{n}=0$ なので $\displaystyle\lim_{n\to\infty}\dfrac{\sin n}{n}=\boldsymbol{0}$

2 (1) この無限級数は初項 $\dfrac{1}{2}$，公比 $r=\dfrac{1}{2}$ の無限等比級数で，$|r|<1$ であ

るから**収束**する。その和は，$\displaystyle\sum_{n=1}^{\infty}\dfrac{1}{2^n}=\dfrac{\dfrac{1}{2}}{1-\dfrac{1}{2}}=1$

(2) 第 n 項までの部分和を S_n とすると

$S_n = \dfrac{1}{1\cdot 2}+\dfrac{1}{2\cdot 3}+\cdots+\dfrac{1}{n(n+1)}$

$= \left(\dfrac{1}{1}-\dfrac{1}{2}\right)+\left(\dfrac{1}{2}-\dfrac{1}{3}\right)+\cdots+\left(\dfrac{1}{n}-\dfrac{1}{n+1}\right)=1-\dfrac{1}{n+1}$

このとき $\displaystyle\lim_{n\to\infty}S_n=\lim_{n\to\infty}\left(1-\dfrac{1}{n+1}\right)=1$

したがって $\displaystyle\sum_{n=1}^{\infty}\dfrac{1}{n(n+1)}$ は**収束**し，$\displaystyle\sum_{n=1}^{\infty}\dfrac{1}{n(n+1)}=1$

無限等比級数の和って，公式
の形に直すのが面倒ね。

それなら，和＝$\dfrac{（初項）}{1-（公比）}$ とおぼえておけ。
初項は，n に 1 や 0 などその問題で与えられ
ている最初のものを代入すればわかるぞ。

数列と級数の極限

ホップ！ステップ！

★★★☆☆☆

1回目	月	日
2回目	月	日
3回目	月	日

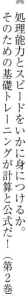

▶次の極限を求めよ。ただし，a，b，c，θ は定数である。

【(1)〜(4)各 15 点，(5)，(6)各 20 点】

(1) $\displaystyle \lim_{n \to \infty} \frac{2n(n^2+8)}{3n^3+4n^2+1} =$

(2) $\displaystyle \lim_{n \to \infty} \frac{bn^2-cn}{(n-a)^2} =$

(3) $\displaystyle \lim_{n \to \infty} \frac{10^{10}-4^{n+1}}{4^n-3^n} =$

(4) $\displaystyle \lim_{n \to \infty} \left(\sqrt{n^2+1} - \sqrt{n} \right) =$

(5) $\displaystyle \lim_{n \to \infty} \frac{4}{\sqrt{n^2+2n}-n} =$

(6) $\displaystyle \lim_{n \to \infty} \frac{\sin n\theta + \cos n\theta}{n} =$

答えは次のページ

	点
	点
	点

目標タイム **5** 分 | 1回目　　分　　秒 | 2回目　　分　　秒 | 3回目　　分　　秒

(1) $\displaystyle \lim_{n\to\infty} \frac{2n(n^2+8)}{3n^3+4n^2+1} = \lim_{n\to\infty} \frac{2\left(1+\dfrac{8}{n^2}\right)}{3+\dfrac{4}{n}+\dfrac{1}{n^3}} = \frac{2}{3}$

(2) $\displaystyle \lim_{n\to\infty} \frac{bn^2-cn}{(n-a)^2} = \lim_{n\to\infty} \frac{bn^2-cn}{n^2-2an+a^2} = \lim_{n\to\infty} \frac{b-\dfrac{c}{n}}{1-\dfrac{2a}{n}+\dfrac{a^2}{n^2}} = b$

(3) $\displaystyle \lim_{n\to\infty} \frac{10^{10}-4^{n+1}}{4^n-3^n} = \lim_{n\to\infty} \frac{\dfrac{10^{10}}{4^n}-4}{1-\left(\dfrac{3}{4}\right)^n} = -4$

(4) $\displaystyle \lim_{n\to\infty} \left(\sqrt{n^2+1}-\sqrt{n}\right) = \lim_{n\to\infty} n\left(\sqrt{1+\dfrac{1}{n^2}}-\sqrt{\dfrac{1}{n}}\right) = \infty$

(5) $\displaystyle \lim_{n\to\infty} \frac{4}{\sqrt{n^2+2n}-n} = \lim_{n\to\infty} \frac{4\left(\sqrt{n^2+2n}+n\right)}{\left(\sqrt{n^2+2n}-n\right)\left(\sqrt{n^2+2n}+n\right)}$

$\displaystyle = \lim_{n\to\infty} \frac{4\left(\sqrt{n^2+2n}+n\right)}{(n^2+2n)-n^2} = \lim_{n\to\infty} \frac{2\left(\sqrt{n^2+2n}+n\right)}{n}$

$\displaystyle = \lim_{n\to\infty} 2\left(\sqrt{1+\dfrac{2}{n}}+1\right) = 4$

(6) 図より，分子は

$$\sin n\theta + \cos n\theta = \sqrt{2}\,\sin\left(n\theta+\frac{\pi}{4}\right)$$

となるので，$-\sqrt{2} \leqq \sin n\theta + \cos n\theta \leqq \sqrt{2}$
となる。これより

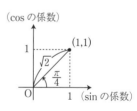

$$-\frac{\sqrt{2}}{n} \leqq \frac{\sin n\theta + \cos n\theta}{n} \leqq \frac{\sqrt{2}}{n}$$

ここで $\displaystyle \lim_{n\to\infty}\left(-\frac{\sqrt{2}}{n}\right)=0$, $\displaystyle \lim_{n\to\infty}\frac{\sqrt{2}}{n}=0$ なので

$$\lim_{n\to\infty} \frac{\sin n\theta + \cos n\theta}{n} = 0$$

数列と級数の極限
ジャンプ！

★★★★☆☆
1回目	月	日
2回目	月	日
3回目	月	日

▶次の無限級数の収束，発散を調べ，収束するならばその和を求めよ。【(1)，(2)各 15 点，(3)20 点，(4)，(5)各 25 点】

(1) $\displaystyle\sum_{n=1}^{\infty} \frac{2}{3^n} =$

(2) $\displaystyle\sum_{n=3}^{\infty} \frac{3^{n+1}}{5^{n-1}} =$

(3) $\displaystyle\sum_{n=1}^{\infty} \frac{1}{4n^2-1} =$

(4) $\displaystyle\sum_{n=1}^{\infty} \frac{1}{\sqrt{n}+\sqrt{n+1}} =$

(5) $\displaystyle\sum_{n=1}^{\infty} \frac{n}{(n+1)!} =$

	点
	点
	点

答えは次のページ

ドラ根性語録 ☆ 常に「なぜ」という疑問を持つこと。（第5巻）

(1)　この無限級数は，初項 $\dfrac{2}{3}$，公比 $r=\dfrac{1}{3}$ の無限等比級数で，$|r|<1$ である

から**収束する**。その和は，$\displaystyle\sum_{n=1}^{\infty}\dfrac{2}{3^n}=\dfrac{\dfrac{2}{3}}{1-\dfrac{1}{3}}=\mathbf{1}$

(2)　この無限級数は，初項 $\dfrac{3^{3+1}}{5^{3-1}}=\dfrac{81}{25}$，公比 $r=\dfrac{3}{5}$ の無限等比級数で，$|r|<1$

であるから**収束する**。その和は，$\displaystyle\sum_{n=3}^{\infty}\dfrac{3^{n+1}}{5^{n-1}}=\dfrac{\dfrac{81}{25}}{1-\dfrac{3}{5}}=\dfrac{\mathbf{81}}{\mathbf{10}}$

(3)　$\dfrac{1}{4n^2-1}=\dfrac{1}{(2n-1)(2n+1)}=\dfrac{1}{2}\left(\dfrac{1}{2n-1}-\dfrac{1}{2n+1}\right)$ より，
第 n 項までの部分和を S_n とすると

$\begin{aligned}
S_n&=\dfrac{1}{1\cdot3}+\dfrac{1}{3\cdot5}+\dfrac{1}{5\cdot7}+\cdots+\dfrac{1}{(2n-1)(2n+1)}\\
&=\dfrac{1}{2}\left\{\left(\dfrac{1}{1}-\dfrac{1}{3}\right)+\left(\dfrac{1}{3}-\dfrac{1}{5}\right)+\cdots+\left(\dfrac{1}{2n-1}-\dfrac{1}{2n+1}\right)\right\}=\dfrac{1}{2}\left(1-\dfrac{1}{2n+1}\right)
\end{aligned}$

このとき $\displaystyle\lim_{n\to\infty}S_n=\lim_{n\to\infty}\dfrac{1}{2}\left(1-\dfrac{1}{2n+1}\right)=\dfrac{1}{2}$

したがって，$\displaystyle\sum_{n=1}^{\infty}\dfrac{1}{4n^2-1}$ は**収束**し，$\displaystyle\sum_{n=1}^{\infty}\dfrac{1}{4n^2-1}=\dfrac{\mathbf{1}}{\mathbf{2}}$

(4)　$\dfrac{1}{\sqrt{n}+\sqrt{n+1}}=\dfrac{\sqrt{n+1}-\sqrt{n}}{(\sqrt{n}+\sqrt{n+1})(\sqrt{n+1}-\sqrt{n})}=\sqrt{n+1}-\sqrt{n}$ より，
第 n 項までの部分和を S_n とすると

$\begin{aligned}
S_n&=\dfrac{1}{1+\sqrt{2}}+\dfrac{1}{\sqrt{2}+\sqrt{3}}+\cdots+\dfrac{1}{\sqrt{n}+\sqrt{n+1}}\\
&=(\sqrt{2}-1)+(\sqrt{3}-\sqrt{2})+\cdots+(\sqrt{n+1}-\sqrt{n})=\sqrt{n+1}-1
\end{aligned}$

このとき $\displaystyle\lim_{n\to\infty}S_n=\lim_{n\to\infty}(\sqrt{n+1}-1)=\infty$

したがって，$\displaystyle\sum_{n=1}^{\infty}\dfrac{1}{\sqrt{n}+\sqrt{n+1}}$ は**発散する**。

(5)　$\dfrac{n}{(n+1)!}=\dfrac{1}{n!}-\dfrac{1}{(n+1)!}$ より，第 n 項までの部分和を S_n とすると，

$\begin{aligned}
S_n&=\dfrac{1}{2!}+\dfrac{2}{3!}+\cdots+\dfrac{n}{(n+1)!}\\
&=\left(\dfrac{1}{1}-\dfrac{1}{2!}\right)+\left(\dfrac{1}{2!}-\dfrac{1}{3!}\right)+\cdots+\left(\dfrac{1}{n!}-\dfrac{1}{(n+1)!}\right)=1-\dfrac{1}{(n+1)!}
\end{aligned}$

このとき $\displaystyle\lim_{n\to\infty}S_n=\lim_{n\to\infty}\left(1-\dfrac{1}{(n+1)!}\right)=1$

したがって，$\displaystyle\sum_{n=1}^{\infty}\dfrac{n}{(n+1)!}$ は**収束**し，$\displaystyle\sum_{n=1}^{\infty}\dfrac{n}{(n+1)!}=\mathbf{1}$

2限目 関数の極限

★★★☆☆☆

1回目	月	日
2回目	月	日
3回目	月	日

☆ドラ桜語録☆

数字を見たらすぐ足したり引いたりするクセをつけると、計算力は格段に上がる。（第6巻）

▶次の極限を求めよ。【1問20点】

(1) $\displaystyle\lim_{x \to 1} \frac{\sqrt{x+3}-2}{x-1} =$

(2) $\displaystyle\lim_{x \to -\infty} \left(\sqrt{x^2+3x}+x\right) =$

(3) $\displaystyle\lim_{x \to -0} \frac{x^2+2x}{|x|} =$

(4) $\displaystyle\lim_{x \to 0} \frac{\sin x}{3x} =$

(5) $\displaystyle\lim_{x \to 0} (1+2x)^{\frac{1}{x}} =$

答えは次のページ

関数の極限は，関数のグラフや微分積分の応用問題でしばしば必要になるぞ。

点

点

点

桜木MEMO

$\displaystyle\lim_{x \to 0} (1+x)^{\frac{1}{x}} = e$（$e$ の定義），$\displaystyle\lim_{x \to 0} \frac{\sin x}{x} = 1$

| 目標タイム **4**分 | 1回目 分 秒 | 2回目 分 秒 | 3回目 分 秒 |

(1) $\displaystyle\lim_{x\to 1}\frac{\sqrt{x+3}-2}{x-1}=\lim_{x\to 1}\frac{(\sqrt{x+3}-2)(\sqrt{x+3}+2)}{(x-1)(\sqrt{x+3}+2)}$

$\displaystyle =\lim_{x\to 1}\frac{x+3-4}{(x-1)(\sqrt{x+3}+2)}=\lim_{x\to 1}\frac{1}{\sqrt{x+3}+2}=\frac{1}{4}$

(2) $t=-x$ とおくと，$x\to -\infty$ のとき $t\to\infty$。

$\displaystyle\lim_{x\to -\infty}(\sqrt{x^2+3x}+x)=\lim_{t\to\infty}\{\sqrt{(-t)^2+3(-t)}+(-t)\}$

$\displaystyle =\lim_{t\to\infty}(\sqrt{t^2-3t}-t)=\lim_{t\to\infty}\frac{t^2-3t-t^2}{\sqrt{t^2-3t}+t}$

$\displaystyle =\lim_{t\to\infty}\frac{-3t}{\sqrt{t^2-3t}+t}=\lim_{t\to\infty}\frac{-3}{\sqrt{1-\dfrac{3}{t}}+1}=-\frac{3}{2}$

(3) $x<0$ のとき，$|x|=-x$ なので，

$\displaystyle\lim_{x\to -0}\frac{x^2+2x}{|x|}=\lim_{x\to -0}\frac{x^2+2x}{-x}=\lim_{x\to -0}(-x-2)=-2$

(4) $\displaystyle\lim_{x\to 0}\frac{\sin x}{3x}=\lim_{x\to 0}\frac{1}{3}\cdot\frac{\sin x}{x}$

公式より $\displaystyle\lim_{x\to 0}\frac{\sin x}{x}=1$ よって $\displaystyle\lim_{x\to 0}\frac{\sin x}{3x}=\frac{1}{3}$

(5) $t=2x$ とおくと，$\dfrac{1}{x}=\dfrac{2}{t}$ なので $\displaystyle\lim_{t\to 0}(1+t)^{\frac{2}{t}}=\lim_{t\to 0}\left\{(1+t)^{\frac{1}{t}}\right\}^2$

e の定義より $\displaystyle\lim_{t\to 0}(1+t)^{\frac{1}{t}}=e$

よって $\displaystyle\lim_{x\to 0}(1+2x)^{\frac{1}{x}}=\lim_{t\to 0}\left\{(1+t)^{\frac{1}{t}}\right\}^2=e^2$

(1)や(4)はどうして$\dfrac{0}{0}$の形から$\dfrac{1}{4}$や$\dfrac{1}{3}$が出るんだ？

0 に近づく速さがそれぞれ異なることが原因だな。

関数の極限

ホップ！ステップ！

★★★☆☆☆

1回目	月	日
2回目	月	日
3回目	月	日

▶次の極限を求めよ。【1問10点】

(1) $\displaystyle \lim_{x \to 1} (2x^2 - 5) =$

(2) $\displaystyle \lim_{x \to \infty} (x^4 - 3x^2 - 5x) =$

(3) $\displaystyle \lim_{x \to -\infty} \frac{3x^2 - 1}{9x + 8} =$

(4) $\displaystyle \lim_{x \to -\infty} \frac{3x + 4}{\sqrt{x^2 - 1}} =$

(5) $\displaystyle \lim_{x \to 1} \frac{x^2 + 3x - 4}{x^3 - 1} =$

(6) $\displaystyle \lim_{x \to 0} \frac{1 - \sqrt{1 + x}}{x} =$

(7) $\displaystyle \lim_{x \to 0} \frac{x}{\sqrt{1 + x} - \sqrt{1 - x}} =$

(8) $\displaystyle \lim_{x \to \infty} \left(\sqrt{x^2 - 3} - \sqrt{x^2 + 3x - 1} \right) =$

(9) $\displaystyle \lim_{x \to -\infty} \frac{2}{x(\sqrt{x^2 + 4} + x)} =$

(10) $\displaystyle \lim_{x \to 1-0} \frac{x - 3}{(x - 1)(x - 2)} =$

答えは次のページ

点
点
点

競争って…結局は自分との闘い、他人とじゃないってことだよな。（第6巻）
ドラ桜語録

目標タイム 10分 | 1回目 　分 　秒 | 2回目 　分 　秒 | 3回目 　分 　秒

関数の極限

ホップ・ステップ　解答

(1) $\displaystyle\lim_{x\to 1}(2x^2-5)=2-5=-3$

(2) $\displaystyle\lim_{x\to\infty}(x^4-3x^2-5x)$

$\displaystyle=\lim_{x\to\infty}x^4\left(1-\frac{3}{x^2}-\frac{5}{x^3}\right)=\boldsymbol{\infty}$

(3) $x=-t$ とおくと，$x\to-\infty$ のとき $t\to\infty$。

$\displaystyle\lim_{x\to-\infty}\frac{3x^2-1}{9x+8}=\lim_{t\to\infty}\frac{3t^2-1}{-9t+8}$

$\displaystyle=\lim_{t\to\infty}\frac{3t-\dfrac{1}{t}}{-9+\dfrac{8}{t}}=\boldsymbol{-\infty}$

(4) $x=-t$ とおくと，$x\to-\infty$ のとき $t\to\infty$。

$\displaystyle\lim_{x\to-\infty}\frac{3x+4}{\sqrt{x^2-1}}=\lim_{t\to\infty}\frac{-3t+4}{\sqrt{t^2-1}}$

$\displaystyle=\lim_{t\to\infty}\frac{-3+\dfrac{4}{t}}{\sqrt{1-\dfrac{1}{t^2}}}=\boldsymbol{-3}$

(5) $\displaystyle\lim_{x\to 1}\frac{x^2+3x-4}{x^3-1}$

$\displaystyle=\lim_{x\to 1}\frac{(x-1)(x+4)}{(x-1)(x^2+x+1)}$

$\displaystyle=\lim_{x\to 1}\frac{x+4}{x^2+x+1}=\boldsymbol{\frac{5}{3}}$

(6) $\displaystyle\lim_{x\to 0}\frac{1-\sqrt{1+x}}{x}$

$\displaystyle=\lim_{x\to 0}\frac{1-(1+x)}{x(1+\sqrt{1+x})}$

$\displaystyle=\lim_{x\to 0}\frac{-1}{1+\sqrt{1+x}}=\boldsymbol{-\frac{1}{2}}$

(7) $\displaystyle\lim_{x\to 0}\frac{x}{\sqrt{1+x}-\sqrt{1-x}}$

$\displaystyle=\lim_{x\to 0}\frac{x(\sqrt{1+x}+\sqrt{1-x})}{(1+x)-(1-x)}$

$\displaystyle=\lim_{x\to 0}\frac{\sqrt{1+x}+\sqrt{1-x}}{2}=\boldsymbol{1}$

(8) $\displaystyle\lim_{x\to\infty}\left(\sqrt{x^2-3}-\sqrt{x^2+3x-1}\right)$

$\displaystyle=\lim_{x\to\infty}\frac{(x^2-3)-(x^2+3x-1)}{\sqrt{x^2-3}+\sqrt{x^2+3x-1}}$

$\displaystyle=\lim_{x\to\infty}\frac{-3x-2}{\sqrt{x^2-3}+\sqrt{x^2+3x-1}}$

$\displaystyle=\lim_{x\to\infty}\frac{-3-\dfrac{2}{x}}{\sqrt{1-\dfrac{3}{x^2}}+\sqrt{1+\dfrac{3}{x}-\dfrac{1}{x^2}}}=\boldsymbol{-\frac{3}{2}}$

(9) $x=-t$ とおくと，$x\to-\infty$ のとき $t\to\infty$。

$\displaystyle\lim_{x\to-\infty}\frac{2}{x(\sqrt{x^2+4}+x)}$

$\displaystyle=\lim_{t\to\infty}\frac{2}{-t(\sqrt{t^2+4}-t)}$

$\displaystyle=\lim_{t\to\infty}\frac{-2(\sqrt{t^2+4}+t)}{t(t^2+4-t^2)}$

$\displaystyle=\lim_{t\to\infty}\frac{-(\sqrt{t^2+4}+t)}{2t}$

$\displaystyle=\lim_{t\to\infty}\frac{-\left(\sqrt{1+\dfrac{4}{t^2}}+1\right)}{2}=\boldsymbol{-1}$

(10) $\displaystyle\lim_{x\to 1-0}\frac{x-3}{(x-1)(x-2)}$

$\displaystyle=\lim_{x\to 1-0}\frac{-2}{(x-1)(-1)}$

$\displaystyle=\lim_{x\to 1-0}\frac{2}{x-1}=\boldsymbol{-\infty}\quad(\because x-1<0)$

関数の極限 ジャンプ！

▶次の極限を求めよ。【1問10点】

(1) $\displaystyle\lim_{x\to 0}\frac{\sin 2x}{3x}=$

(2) $\displaystyle\lim_{x\to 0}\frac{1-\cos x}{x^2}=$

(3) $\displaystyle\lim_{x\to 0}\frac{\sin^2 3x}{x\sin 2x}=$

(4) $\displaystyle\lim_{x\to \frac{\pi}{4}}\frac{\sin x-\cos x}{x-\dfrac{\pi}{4}}=$

(5) $\displaystyle\lim_{x\to 0}x\cos\frac{1}{x}=$

(6) $\displaystyle\lim_{x\to \infty}\frac{\sin^2 x}{x}=$

(7) $\displaystyle\lim_{x\to \infty}\{\log 2x-\log(x+1)\}=$

(8) $\displaystyle\lim_{x\to \infty}\left\{\frac{1}{2}\log x+\log(\sqrt{x+1}-\sqrt{x-1})\right\}=$

(9) $\displaystyle\lim_{x\to \infty}\left(1+\frac{1}{x}\right)^x=$

(10) $\displaystyle\lim_{x\to 0}\frac{\sin^2 x}{x\log(1+x)}=$

点
点
点

答えは次のページ

(1) $\displaystyle\lim_{x\to 0}\frac{\sin 2x}{3x}=\lim_{x\to 0}\frac{2}{3}\cdot\frac{\sin 2x}{2x}=\frac{2}{3}\lim_{x\to 0}\frac{\sin 2x}{2x}=\frac{2}{3}$

(2) $\displaystyle\lim_{x\to 0}\frac{1-\cos x}{x^2}=\lim_{x\to 0}\frac{(1-\cos x)(1+\cos x)}{x^2}\cdot\frac{1}{1+\cos x}$

$\displaystyle =\lim_{x\to 0}\left(\frac{\sin x}{x}\right)^2\cdot\frac{1}{1+\cos x}=\frac{1}{2}$ 　別解　$\displaystyle\lim_{x\to 0}\frac{1-\cos x}{x^2}=\lim_{x\to 0}\frac{2\sin^2\frac{x}{2}}{x^2}=\lim_{x\to 0}\frac{1}{2}\left(\frac{\sin\frac{x}{2}}{\frac{x}{2}}\right)^2=\frac{1}{2}$

(3) $\displaystyle\lim_{x\to 0}\frac{\sin^2 3x}{x\sin 2x}=\lim_{x\to 0}\left(\frac{\sin 3x}{3x}\right)^2\cdot\frac{2x}{\sin 2x}\cdot\frac{3^2}{2}=\frac{9}{2}$

(4) 図より $\sin x-\cos x=\sqrt{2}\sin\left(x-\dfrac{\pi}{4}\right)$

よって，$t=x-\dfrac{\pi}{4}$ とおくと，$x\to\dfrac{\pi}{4}$ のとき $t\to 0$。

$\displaystyle\lim_{x\to\frac{\pi}{4}}\frac{\sin x-\cos x}{x-\dfrac{\pi}{4}}=\lim_{t\to 0}\frac{\sqrt{2}\sin t}{t}=\sqrt{2}$

(cos の係数)

(sin の係数)

(5) $0\leqq\left|\cos\dfrac{1}{x}\right|\leqq 1$ なので　$0\leqq\left|x\cos\dfrac{1}{x}\right|=|x|\left|\cos\dfrac{1}{x}\right|\leqq|x|$ が成り立つ。

$\displaystyle\lim_{x\to 0}|x|=0$ なので　$\displaystyle\lim_{x\to 0}\left|x\cos\dfrac{1}{x}\right|=0$ 　よって　$\displaystyle\lim_{x\to 0}x\cos\dfrac{1}{x}=0$

(6) $0\leqq\sin^2 x\leqq 1$ なので，$x>0$ なる x に対して

$0\leqq\dfrac{\sin^2 x}{x}=\dfrac{1}{x}\sin^2 x\leqq\dfrac{1}{x}$ が成り立つ。

$\displaystyle\lim_{x\to\infty}\frac{1}{x}=0$ なので　$\displaystyle\lim_{x\to\infty}\frac{\sin^2 x}{x}=0$

(7) $\displaystyle\lim_{x\to\infty}\{\log 2x-\log(x+1)\}=\lim_{x\to\infty}\log\frac{2x}{x+1}=\lim_{x\to\infty}\log\frac{2}{1+\dfrac{1}{x}}=\log 2$

(8) $\displaystyle\lim_{x\to\infty}\left\{\frac{1}{2}\log x+\log(\sqrt{x+1}-\sqrt{x-1})\right\}=\lim_{x\to\infty}\log\sqrt{x}(\sqrt{x+1}-\sqrt{x-1})$

$\displaystyle =\lim_{x\to\infty}\log\frac{\sqrt{x}\{(x+1)-(x-1)\}}{\sqrt{x+1}+\sqrt{x-1}}=\lim_{x\to\infty}\log\frac{2\sqrt{x}}{\sqrt{x+1}+\sqrt{x-1}}$

$\displaystyle =\lim_{x\to\infty}\log\frac{2}{\sqrt{1+\dfrac{1}{x}}+\sqrt{1-\dfrac{1}{x}}}=0$

(9) $t=\dfrac{1}{x}$ とおくと，$x\to\infty$ のとき $t\to +0$。$\displaystyle\lim_{x\to\infty}\left(1+\frac{1}{x}\right)^x=\lim_{t\to +0}(1+t)^{\frac{1}{t}}=e$

(10) $\displaystyle\lim_{x\to 0}\frac{\sin^2 x}{x\log(1+x)}=\lim_{x\to 0}\left(\frac{\sin x}{x}\right)^2\cdot\frac{1}{\dfrac{1}{x}\log(1+x)}$

$\displaystyle =\lim_{x\to 0}\left(\frac{\sin x}{x}\right)^2\cdot\frac{1}{\log(1+x)^{\frac{1}{x}}}=\frac{1}{\log e}=1$

3 限目

微分の公式と x^α の微分

★★★★★★
1回目	月	日
2回目	月	日
3回目	月	日

▶次の関数を微分せよ。【1問20点】

(1) $y = (-2x+3)^2$

(2) $y = x^3(3x-2)^3$

(3) $y = x^5 + \dfrac{1}{x^5}$

(4) $y = \dfrac{2x-1}{x^2+1}$

(5) $y = \sqrt{4x+1}$

答えは次のページ 👉

$\left\{\dfrac{1}{g(x)}\right\}'$ は $\left\{g(x)^{-1}\right\}'$ と考えて合成関数の微分を使う方が楽なときもあるぞ。

桜木MEMO

$(x^\alpha)' = \alpha x^{\alpha-1}$ (α：実数，ただし $x^0 = 1$ とする。)

合成関数の微分 $\{f(g(x))\}' = f'(g(x)) \cdot g'(x)$

積の微分 $\{f(x)g(x)\}' = f'(x)g(x) + f(x)g'(x)$

商の微分 $\left\{\dfrac{f(x)}{g(x)}\right\}' = \dfrac{f'(x)g(x) - f(x)g'(x)}{\{g(x)\}^2}$

とくに $\left\{\dfrac{1}{g(x)}\right\}' = -\dfrac{g'(x)}{\{g(x)\}^2}$

	点
	点
	点

目標タイム **3分** | 1回目 分 秒 | 2回目 分 秒 | 3回目 分 秒 |

(1)　$y = (-2x+3)^2$ より

$$y' = 2(-2x+3)(-2x+3)'$$
$$= 2(-2x+3) \cdot (-2) = 8x-12$$

(2)　$y = x^3(3x-2)^3$ より

$$y' = (x^3)'(3x-2)^3 + x^3\{(3x-2)^3\}'$$
$$= 3x^2(3x-2)^3 + x^3 \cdot 3(3x-2)^2(3x-2)'$$
$$= 3x^2(3x-2)^2\{(3x-2)+3x\}$$
$$= 6x^2(3x-2)^2(3x-1)$$

(3)　$y = x^5 + \dfrac{1}{x^5}$ より

$$y' = 5x^4 - \frac{(x^5)'}{(x^5)^2}$$
$$= 5x^4 - \frac{5x^4}{x^{10}}$$
$$= 5x^4 - \frac{5}{x^6}$$

別解

$y = x^5 + x^{-5}$ より
$$y' = 5x^4 - 5x^{-6}$$
$$= 5x^4 - \frac{5}{x^6}$$

(4)　$y = \dfrac{2x-1}{x^2+1}$ より

$$y' = \frac{(2x-1)'(x^2+1)-(2x-1)(x^2+1)'}{(x^2+1)^2}$$
$$= \frac{2(x^2+1)-(2x-1)\cdot 2x}{(x^2+1)^2}$$
$$= \frac{2(-x^2+x+1)}{(x^2+1)^2}$$

(5)　$y = \sqrt{4x+1} = (4x+1)^{\frac{1}{2}}$ より

$$y' = \frac{1}{2}(4x+1)^{-\frac{1}{2}}(4x+1)'$$
$$= \frac{2}{\sqrt{4x+1}}$$

ジャンプ！の(1)に別解っていう
のがあるんだけど，あれはなに？

分子の次数が分母の次数以上のときに，
割ってから計算しているんだ。楽になる
ことが多いぞ。

微分の公式と x^α の微分

ホップ！ステップ！

★★★★★

1回目	月	日
2回目	月	日
3回目	月	日

▶次の関数を微分せよ。ただし，a，b は定数とする。

【1問 10 点】

(1)　$y = x^{10} - x + 5$

(2)　$y = (x-a)^2 + b$

(3)　$y = 3(x^2 - 7)^3$

(4)　$y = (2x-1)^2 x^3$

(5)　$y = (3x+10)^2(x^2 - 2x + 3)$

(6)　$y = \dfrac{1}{3-x}$

(7)　$y = \dfrac{1}{(2x^2+1)^3}$

(8)　$y = \dfrac{3}{(4x+3)^2} - \dfrac{2}{4x+3}$

(9)　$y = \sqrt{x}\,(x+1)$

(10)　$y = \sqrt{x^2+1}$

	点
	点
	点

答えは次のページ

ドラ桜語録 ☆ 定期テスト前日マニュアル **3** 寝る直前まで勉強し続けろ！ 寝る直前は暗記物をつめこめ！（第6巻）

(1) $y = x^{10} - x + 5$ より
$$y' = \mathbf{10x^9 - 1}$$

(2) $y = (x-a)^2 + b$ より
$$y' = 2(x-a)(x-a)'$$
$$= \mathbf{2(x-a)}$$

(3) $y = 3(x^2-7)^3$ より
$$y' = 9(x^2-7)^2(x^2-7)'$$
$$= \mathbf{18x(x^2-7)^2}$$

(4) $y = (2x-1)^2 x^3$ より
$$y' = \{(2x-1)^2\}' x^3 + (2x-1)^2 (x^3)'$$
$$= \{2(2x-1)(2x-1)'\}x^3 + (2x-1)^2 \cdot 3x^2$$
$$= 4(2x-1)x^3 + 3(2x-1)^2 x^2$$
$$= \mathbf{(10x-3)(2x-1)x^2}$$

(5) $y = (3x+10)^2(x^2-2x+3)$ より
$$y' = \{(3x+10)^2\}'(x^2-2x+3) + (3x+10)^2(x^2-2x+3)'$$
$$= 6(3x+10)(x^2-2x+3) + (3x+10)^2(2x-2)$$
$$= 2(3x+10)(6x^2+x-1)$$
$$= \mathbf{2(3x+10)(2x+1)(3x-1)}$$

(6) $y = \dfrac{1}{3-x}$ より
$$y' = -\frac{(3-x)'}{(3-x)^2}$$
$$= \mathbf{\frac{1}{(3-x)^2}}$$

(7) $y = (2x^2+1)^{-3}$ より
$$y' = -3(2x^2+1)^{-4}(2x^2+1)'$$
$$= \mathbf{\frac{-12x}{(2x^2+1)^4}}$$

(8) $y = 3(4x+3)^{-2} - 2(4x+3)^{-1}$ より
$$y' = -6(4x+3)^{-3}(4x+3)'$$
$$\quad + 2(4x+3)^{-2}(4x+3)'$$
$$= (4x+3)^{-3}\{-24 + 8(4x+3)\}$$
$$= \mathbf{\frac{32x}{(4x+3)^3}}$$

(9) $y = \sqrt{x}(x+1) = x^{\frac{3}{2}} + x^{\frac{1}{2}}$ より
$$y' = \frac{3}{2}x^{\frac{1}{2}} + \frac{1}{2}x^{-\frac{1}{2}}$$
$$= \mathbf{\frac{3x+1}{2\sqrt{x}}}$$

(10) $y = \sqrt{x^2+1} = (x^2+1)^{\frac{1}{2}}$ より
$$y' = \frac{1}{2}(x^2+1)^{-\frac{1}{2}}(x^2+1)'$$
$$= \frac{2x}{2\sqrt{x^2+1}} = \mathbf{\frac{x}{\sqrt{x^2+1}}}$$

微分の公式と x^α の微分

ジャンプ！

★★★☆☆☆

1回目	月	日
2回目	月	日
3回目	月	日

▶次の関数を微分せよ。【1問 10 点】

(1) $y = \dfrac{x+2}{x}$

(2) $y = \dfrac{x^2+1}{x^2-2}$

(3) $y = \dfrac{2x^2-3x}{(x-1)^2}$

(4) $y = \dfrac{(x-3)^3}{x^2+3}$

(5) $y = \left(\dfrac{x^2+1}{x}\right)^2$

(6) $y = \left(3 - \dfrac{1}{x^2}\right)^4$

(7) $y = \sqrt[3]{x^2+x+1}$

(8) $y = x\sqrt{1-6x}$

(9) $y = \dfrac{x}{\sqrt{x^2+4}}$

(10) $y = \sqrt{\dfrac{x-2}{x+2}}$

	点
	点
	点

答えは次のページ

目標タイム **12分** | 1回目 　分　　秒 | 2回目 　分　　秒 | 3回目 　分　　秒

(1) $y' = \dfrac{(x+2)'x - (x+2)x'}{x^2}$ **別解** $\ y = 1 + \dfrac{2}{x}$ より

$\qquad = \dfrac{x - (x+2)}{x^2} = -\dfrac{2}{x^2}$ $y' = -\dfrac{2x'}{x^2} = -\dfrac{2}{x^2}$

(2) $y' = \dfrac{(x^2+1)'(x^2-2) - (x^2+1)(x^2-2)'}{(x^2-2)^2}$ **別解** $\ y = 1 + \dfrac{3}{x^2-2}$ より

$\qquad = -\dfrac{6x}{(x^2-2)^2}$ $y' = -\dfrac{3(x^2-2)'}{(x^2-2)^2} = -\dfrac{6x}{(x^2-2)^2}$

(3) $y = \dfrac{2(x-1)^2 + x - 2}{(x-1)^2} = 2 + \dfrac{x-2}{(x-1)^2}$ より

$\quad y' = \dfrac{(x-2)'(x-1)^2 - (x-2)\{(x-1)^2\}'}{(x-1)^4}$

$\qquad = \dfrac{(x-1)\{(x-1) - 2(x-2)\}}{(x-1)^4} = \dfrac{-x+3}{(x-1)^3}$

(4) $y' = \dfrac{\{(x-3)^3\}'(x^2+3) - (x-3)^3(x^2+3)'}{(x^2+3)^2}$

$\qquad = \dfrac{3(x-3)^2(x^2+3) - (x-3)^3 \cdot 2x}{(x^2+3)^2} = \dfrac{(x-3)^2(x+3)^2}{(x^2+3)^2}$

(5) $y = \left(x + \dfrac{1}{x}\right)^2 = x^2 + 2 + \dfrac{1}{x^2}$ より $\ y' = 2x - \dfrac{2}{x^3}\left(= \dfrac{2(x^4-1)}{x^3}\right)$

(6) $y' = 4\left(3 - \dfrac{1}{x^2}\right)^3 \left(3 - \dfrac{1}{x^2}\right)' = 4\left(3 - \dfrac{1}{x^2}\right)^3 \cdot \dfrac{2x}{x^4} = \dfrac{8}{x^3}\left(3 - \dfrac{1}{x^2}\right)^3$

(7) $y = (x^2+x+1)^{\frac{1}{3}}$ より

$\quad y' = \dfrac{1}{3}(x^2+x+1)^{-\frac{2}{3}}(2x+1) = \dfrac{2x+1}{3\sqrt[3]{(x^2+x+1)^2}}$

(8) $y = x(1-6x)^{\frac{1}{2}}$ より

$\quad y' = x'(1-6x)^{\frac{1}{2}} + x\left\{(1-6x)^{\frac{1}{2}}\right\}' = (1-6x)^{\frac{1}{2}} + x \cdot (-3) \cdot (1-6x)^{-\frac{1}{2}}$

$\qquad = (1-6x)^{-\frac{1}{2}}\{(1-6x) - 3x\} = \dfrac{1-9x}{\sqrt{1-6x}}$

(9) $y = \dfrac{x}{(x^2+4)^{\frac{1}{2}}}$ より

$\quad y' = \dfrac{x'(x^2+4)^{\frac{1}{2}} - x\left\{(x^2+4)^{\frac{1}{2}}\right\}'}{x^2+4}$

$\qquad = \dfrac{(x^2+4)^{\frac{1}{2}} - x(x^2+4)^{-\frac{1}{2}} \cdot x}{x^2+4}$

$\qquad = \dfrac{(x^2+4)^{-\frac{1}{2}}\{(x^2+4) - x^2\}}{x^2+4} = \dfrac{4}{\sqrt{(x^2+4)^3}}$

(10) $y = \left(\dfrac{x-2}{x+2}\right)^{\frac{1}{2}}$ より

$\quad y' = \dfrac{1}{2}\left(\dfrac{x-2}{x+2}\right)^{-\frac{1}{2}}\left(\dfrac{x-2}{x+2}\right)'$

$\qquad = \dfrac{1}{2}\left(\dfrac{x-2}{x+2}\right)^{-\frac{1}{2}} \cdot \dfrac{4}{(x+2)^2}$

$\qquad = \dfrac{2}{\sqrt{(x-2)(x+2)^3}}$

4限目 微分（関数の微分）

★★☆☆☆

1回目	月	日
2回目	月	日
3回目	月	日

▶次の関数を微分せよ。【1問 25 点】

(1) $y = \cos(x+1)^2$

(2) $y = \sin x \cos x$

(3) $y = e^{2x}$

(4) $y = \dfrac{\log x}{x}$

答えは次のページ

三角関数の角度の単位はラジアンだ。
もういうまでもないな。

桜木MEMO

$(\sin x)' = \cos x, \ (\cos x)' = -\sin x, \ (\tan x)' = \dfrac{1}{\cos^2 x}$

$(e^x)' = e^x, \ (a^x)' = a^x \log a$

$(\log x)' = \dfrac{1}{x}, \ (\log_a x)' = \dfrac{1}{x \log a}, \ (\log|x|)' = \dfrac{1}{x},$

$(\log_a |x|)' = \dfrac{1}{x \log a}$ （ただし a は 1 でない正の定数）

	点
	点
	点

目標タイム **2 分** | 1回目 　分　 秒 | 2回目 　分　 秒 | 3回目 　分　 秒 |

(1)　$y' = -\sin(x+1)^2 \cdot \{(x+1)^2\}'$
　　　　$= -2(x+1)\sin(x+1)^2$

(2)　$y' = (\sin x)'\cos x + \sin x(\cos x)'$
　　　　$= \cos^2 x - \sin^2 x$
　　　　$= \cos 2x$

別解

$y = \sin x \cos x = \dfrac{1}{2}\sin 2x$ より

$y' = \dfrac{1}{2}\cos 2x \cdot (2x)' = \cos 2x$

(3)　$y' = e^{2x} \cdot (2x)'$
　　　　$= 2e^{2x}$

(4)　$y' = \dfrac{(\log x)'x - \log x(x)'}{x^2}$
　　　　$= \dfrac{1 - \log x}{x^2}$

公式はこれで全部だよな。

いや，準公式として
$$(\log |f(x)|)' = \frac{f'(x)}{f(x)}$$
もおぼえておこう。

微分（関数の微分）

ホップ！ステップ！

▶次の関数を微分せよ。【1問10点】

(1)　$y = \sqrt{1 - \sin x}$

(2)　$y = \cos 3x^2$

(3)　$y = \sin \sqrt{2x}$

(4)　$y = \tan x^2 - x^2$

(5)　$y = e^{(3x+1)^2}$

(6)　$y = \left(\dfrac{7}{2}\right)^x$

(7)　$y = 3^{\log x}$

(8)　$y = \log(3x - 2)$

(9)　$y = (\log 2x)^2$

(10)　$y = \log_2 \left| x^2 - 1 \right|$

答えは次のページ

	点
	点
	点

ドラ桜語録　テストを受ける時、一番大切なのはまず落ち着くこと！（第4巻）

ホップ・ステップ　解答

(1) $y' = \dfrac{1}{2}(1-\sin x)^{-\frac{1}{2}}(1-\sin x)'$

$\quad = \dfrac{-\cos x}{2\sqrt{1-\sin x}}$

(2) $y' = -\sin 3x^2 \cdot (3x^2)'$

$\quad = -6x\sin 3x^2$

(3) $y' = \cos\sqrt{2x}\cdot(\sqrt{2x})'$

$\quad = \cos\sqrt{2x}\cdot\dfrac{2}{2\sqrt{2x}}$

$\quad = \dfrac{\cos\sqrt{2x}}{\sqrt{2x}}$

(4) $y' = \dfrac{1}{\cos^2 x^2}\cdot(x^2)' - 2x$

$\quad = 2x\left(\dfrac{1}{\cos^2 x^2} - 1\right)$

$\quad = 2x\tan^2 x^2$

(5) $y' = e^{(3x+1)^2}\{(3x+1)^2\}'$

$\quad = 6(3x+1)e^{(3x+1)^2}$

(6) $y' = \left(\dfrac{7}{2}\right)^x \log\left(\dfrac{7}{2}\right)$

$\quad = (\log 7 - \log 2)\left(\dfrac{7}{2}\right)^x$

(7) $y' = 3^{\log x}\cdot\log 3\cdot(\log x)'$

$\quad = \dfrac{3^{\log x}\log 3}{x}$

(8) $y' = \dfrac{1}{3x-2}\cdot(3x-2)'$

$\quad = \dfrac{3}{3x-2}$

(9) $y' = 2\log 2x\cdot(\log 2x)'$

$\quad = 2\log 2x\cdot\dfrac{(2x)'}{2x}$

$\quad = \dfrac{2\log 2x}{x}$

(10) $y' = \dfrac{(x^2-1)'}{(x^2-1)\log 2}$

$\quad = \dfrac{2x}{(x^2-1)\log 2}$

ジャンプ！

▶次の関数を微分せよ。【1問 10 点】

(1)　$y = \sin x - x \cos x$

(2)　$y = x^2 \sin \dfrac{1}{x}$

(3)　$y = \dfrac{e^x}{x+1}$

(4)　$y = \dfrac{x^2}{2^x}$

(5)　$y = e^x \sin 3x$

(6)　$y = \sqrt{x}\,(\log x - 2)$

(7)　$y = \dfrac{1 + \log |x|}{x}$

(8)　$y = x^2 (\log x)^3$

(9)　$y = \log |\cos x| + \dfrac{1}{2\cos^2 x}$

(10)　$y = x\sqrt{x^2 + 4} + 4\log\left| x + \sqrt{x^2 + 4} \right|$

点
点
点

答えは次のページ ☞

目標タイム **11分** | 1回目　　分　　秒 | 2回目　　分　　秒 | 3回目　　分　　秒

ドラ桜語録 ☆

何事もまず、型を身につけること。型からの発展が独創へとつながっていくのです。（第5巻）

(1) $y' = \cos x - (\cos x - x \sin x) = x \sin x$

(2) $y' = 2x \sin \dfrac{1}{x} + x^2 \cos \dfrac{1}{x} \cdot \left(-\dfrac{1}{x^2} \right) = 2x \sin \dfrac{1}{x} - \cos \dfrac{1}{x}$

(3) $y' = \dfrac{e^x(x+1) - e^x \cdot 1}{(x+1)^2} = \dfrac{xe^x}{(x+1)^2}$

(4) $y' = \dfrac{2x \cdot 2^x - x^2 \cdot 2^x \cdot \log 2}{(2^x)^2} = \dfrac{x(2 - x \log 2)}{2^x}$

(5) $y' = e^x \sin 3x + e^x \cdot 3 \cos 3x = e^x(\sin 3x + 3 \cos 3x)$

(6) $y' = \dfrac{1}{2\sqrt{x}}(\log x - 2) + \sqrt{x} \cdot \dfrac{1}{x} = \dfrac{\log x}{2\sqrt{x}}$

(7) $y' = \dfrac{\dfrac{1}{x} \cdot x - (1 + \log|x|) \cdot 1}{x^2} = -\dfrac{\log|x|}{x^2}$

(8) $y' = 2x \cdot (\log x)^3 + x^2 \cdot 3(\log x)^2 \cdot \dfrac{1}{x} = x(\log x)^2(2 \log x + 3)$

(9) $y' = \dfrac{-\sin x}{\cos x} - \dfrac{2\cos x \cdot (-\sin x)}{2\cos^4 x} = \dfrac{-\sin x \cos^2 x + \sin x}{\cos^3 x}$

$\quad = \dfrac{\sin x(1 - \cos^2 x)}{\cos^3 x} = \dfrac{\sin^3 x}{\cos^3 x} = \tan^3 x$

(10) $y' = \sqrt{x^2 + 4} + x \cdot \dfrac{x}{\sqrt{x^2 + 4}} + 4 \cdot \dfrac{1 + \dfrac{x}{\sqrt{x^2 + 4}}}{x + \sqrt{x^2 + 4}}$

$\quad = \dfrac{x^2 + 4}{\sqrt{x^2 + 4}} + \dfrac{x^2}{\sqrt{x^2 + 4}} + 4 \cdot \dfrac{\dfrac{\sqrt{x^2 + 4} + x}{\sqrt{x^2 + 4}}}{x + \sqrt{x^2 + 4}}$

$\quad = \dfrac{2x^2 + 4}{\sqrt{x^2 + 4}} + \dfrac{4}{\sqrt{x^2 + 4}} = \dfrac{2(x^2 + 4)}{\sqrt{x^2 + 4}} = 2\sqrt{x^2 + 4}$

☆ドラ桜語録 ☆

ある目標達成に向けて最高のパフォーマンスを発揮するためには、終わりの時期を明確に意識するべきなんだ。（第15巻）

▶次の問いに答えよ。【1問 25 点】

(1) $(x^x)'$ $(x>0)$ を求めよ。

(2) $y = e^{3x}$ の第 n 次導関数を求めよ。

(3) $2x^2 + y^2 = 1$ で定められる，微分可能な x の関数 y について $\dfrac{dy}{dx}$ を求めよ。

(4) x の関数 y が媒介変数表示を用いて $x = \sin 2t$, $y = \cos 3t$ と表されるとき，$\dfrac{dy}{dx}$ を求めよ。ただし，$0 < t < \pi$ とする。

答えは次のページ 👉

(1)では対数微分法というテクニックを使う。$f(x)^{g(x)}$ のような形をした関数を微分するときには絶対必要だ。

桜木MEMO

媒介変数表示と導関数
$x = f(t)$, $y = g(t)$ のとき，$\dfrac{dy}{dx} = \dfrac{\dfrac{dg(t)}{dt}}{\dfrac{df(t)}{dt}}$

	点
	点
	点

目標タイム **5** 分

1回目	分	秒	2回目	分	秒	3回目	分	秒

微分（いろいろな微分） 解答

(1) $f(x)=x^x$ とおき，両辺の絶対値の対数をとると，

$\log|f(x)|=\log|x^x|$ で，$x>0$ より $\log|f(x)|=x\log x$

両辺を微分すると

$$\frac{f'(x)}{f(x)}=\log x+1 \;\Rightarrow\; f'(x)=x^x(\log x+1)$$

注(1)のように両辺の自然対数をとってから微分する方法を対数微分法という。

(2) $y'=3e^{3x}$，$y''=3^2e^{3x}$，… より，自然数 n に対して，y の第 n 次導関数は $y^{(n)}=3^n e^{3x}\cdots$① と推測される。これが真であることを数学的帰納法を用いて証明する。

　(i)$n=1$ のとき $y'=3e^{3x}$

　　よって，$n=1$ のとき①は成立する。

　(ii)$n=k$ のとき，$y^{(k)}=3^k e^{3x}$ と仮定すると，$n=k+1$ のとき
$$y^{(k+1)}=(3^k e^{3x})'=3^{k+1}e^{3x}$$
　　となり，$n=k+1$ のときにも①は成立する。

　(i)，(ii)より，すべての自然数 n について①は成立する。よって
$$y^{(n)}=3^n e^{3x}$$

(3) y は x の微分可能な関数なので，$2x^2+y^2=1$ の両辺を x について微分すると $4x+2y\dfrac{dy}{dx}=0 \;\Rightarrow\; \dfrac{dy}{dx}=-\dfrac{2x}{y}$

(4) $\dfrac{dx}{dt}=2\cos 2t$，$\dfrac{dy}{dt}=-3\sin 3t$ より $\dfrac{dy}{dx}=\dfrac{\dfrac{dy}{dt}}{\dfrac{dx}{dt}}=-\dfrac{3\sin 3t}{2\cos 2t}$

対数微分法って，4 限目の
準公式を使っているの？

お，よくわかったな。
$$(\log|f(x)|)'=\frac{f'(x)}{f(x)}$$
を利用しているぞ。

微分（いろいろな微分）
ホップ！ステップ！

★★★★★☆

1回目	月	日
2回目	月	日
3回目	月	日

☆ドラ校語録 ☆　朝は数学など思考力を必要とする問題を解くのに適している。（第1巻）

1 ▶次の関数を微分せよ。【1問15点】

(1) $y = x^{x^2} \quad (x > 0)$

(2) $y = x^{\log x} \quad (x > 0)$

(3) $y = \dfrac{(x-1)^2}{\sqrt{(x^2+4)^3}}$

(4) $y = \dfrac{x(x-1)^2}{(x^2+1)^2}$

2 ▶（　）内の各 k に対し，次の関数の第 k 次導関数を求めよ。ただし n は自然数とする。【1問10点】

(1) $y = \sin 3x \quad (k = 2)$

(2) $y = \dfrac{1}{x} \quad (k = 3)$

(3) $y = e^x \sin x \quad (k = 2)$

(4) $y = \log x \quad (k = n)$

答えは次のページ

| |
| 点 |
| 点 |
| 点 |

1 (1) $\log|y| = \log|x^{x^2}| = x^2 \log x$　$(\because x>0)$　第 1 辺と第 3 辺を x で微分すると，

$$\frac{y'}{y} = 2x \log x + x \;\Rightarrow\; y' = x^{x^2+1}(2\log x + 1)$$

(2) $\log|y| = \log|x^{\log x}| = \log x^{\log x} = (\log x)^2$　$(\because x>0)$

第 1 辺と第 4 辺を x で微分すると，

$$\frac{y'}{y} = \frac{2\log x}{x} \;\Rightarrow\; y' = 2x^{\log x - 1} \cdot \log x$$

(3) $\log|y| = 2\log|x-1| - \dfrac{3}{2}\log|x^2+4|$

両辺を x で微分すると

$$\frac{y'}{y} = \frac{2}{x-1} - \frac{3}{2}\cdot\frac{2x}{x^2+4} = \frac{2(x^2+4)-3x(x-1)}{(x-1)(x^2+4)} = \frac{-x^2+3x+8}{(x-1)(x^2+4)}$$

$$\Rightarrow\; y' = \frac{-x^2+3x+8}{(x-1)(x^2+4)}\cdot\frac{(x-1)^2}{\sqrt{(x^2+4)^3}} = \frac{(x-1)(-x^2+3x+8)}{\sqrt{(x^2+4)^5}}$$

(4) $\log|y| = \log|x| + 2\log|x-1| - 2\log(x^2+1)$

両辺を x で微分すると

$$\frac{y'}{y} = \frac{1}{x} + \frac{2}{x-1} - \frac{4x}{x^2+1} = \frac{-x^3+3x^2+3x-1}{x(x-1)(x^2+1)} = -\frac{(x+1)(x^2-4x+1)}{x(x-1)(x^2+1)}$$

$$\Rightarrow\; y' = -\frac{(x+1)(x^2-4x+1)}{x(x-1)(x^2+1)}\cdot\frac{x(x-1)^2}{(x^2+1)^2} = -\frac{(x+1)(x-1)(x^2-4x+1)}{(x^2+1)^3}$$

2 (1) $y' = 3\cos 3x,\;\; y'' = -9\sin 3x$

(2) $y' = -1\cdot x^{-2},\;\; y'' = (-1)(-2)x^{-3},\;\; y''' = (-1)(-2)(-3)x^{-4} = -\dfrac{6}{x^4}$

(3) $y' = e^x\sin x + e^x\cos x,$

$y'' = e^x(\sin x + \cos x) + e^x(\cos x - \sin x) = 2e^x\cos x$

(4) $y' = x^{-1},\;\; y'' = -1\cdot x^{-2},\;\; y''' = (-1)(-2)x^{-3},\;\; \cdots$ より，自然数 n に対して，
y の第 n 次導関数は $y^{(n)} = (-1)^{n-1}(n-1)!\,x^{-n}\cdots$①と推測される。これが真であることを数学的帰納法を用いて証明する。

(i) $n=1$ のとき　$(-1)^0(1-1)!\,x^{-1} = x^{-1}$

よって，$n=1$ のとき①は成立する。

(ii) $n=k$ のとき，$y^{(k)} = (-1)^{k-1}(k-1)!\,x^{-k}$ と仮定すると，$n=k+1$ のとき

$$y^{(k+1)} = (y^{(k)})' = (-1)^{k-1}(k-1)!\cdot(-k)x^{-k-1} = (-1)^k k!\,x^{-(k+1)}$$

となり，$n=k+1$ のときにも①は成立する。

(i)，(ii) より，すべての自然数 n について①は成立する。よって

$$y^{(n)} = (-1)^{n-1}(n-1)!\,x^{-n}$$

微分 （いろいろな微分）
ジャンプ！

★★★★☆
1回目	月	日
2回目	月	日
3回目	月	日

ドラ校語録 ☆ 夜は記憶ものをやる。（第1巻）

1 ▶次の式で定められる，微分可能な x の関数 y について $\dfrac{dy}{dx}$ を求めよ。【1問10点】

(1) $(y-1)^2 = x^2 + x$

(2) $\sqrt{(x+1)^3} + 3x = y^2 - 1$

(3) $4x^2 - 6xy + 3y^2 = 5$

(4) $\sin x \cos y = y$

2 ▶ x の関数 y が媒介変数表示を用いて次のように表されるとき，$\dfrac{dy}{dx}$ を求めよ。【1問15点】

(1) $\begin{cases} x = (2t-1)^2 \\ y = (t-2)^2 \end{cases}$

(2) $\begin{cases} x = \dfrac{2t}{1-t^2} \\ y = \dfrac{1+t^2}{1-t^2} \end{cases}$

(3) $\begin{cases} x = t\sin t + \cos t \\ y = \sin t - t\cos t \end{cases}$ $(t>0)$

(4) $\begin{cases} x = \dfrac{e^t + e^{-t}}{2} \\ y = \dfrac{e^t - e^{-t}}{2} \end{cases}$

点
点
点

答えは次のページ☞

目標タイム **7**分 | 1回目　　分　　秒 | 2回目　　分　　秒 | 3回目　　分　　秒

1 (1) 両辺を x で微分すると　$2(y-1)\cdot\dfrac{dy}{dx}=2x+1$　➡　$\dfrac{dy}{dx}=\dfrac{2x+1}{2(y-1)}$

(2) 両辺を x で微分すると
$$\frac{3}{2}\sqrt{x+1}+3=2y\cdot\frac{dy}{dx}\quad\blacktriangleright\quad\frac{dy}{dx}=\frac{3(\sqrt{x+1}+2)}{4y}$$

(3) 両辺を x で微分すると
$$8x-6\left(y+x\cdot\frac{dy}{dx}\right)+6y\cdot\frac{dy}{dx}=0\quad\blacktriangleright\quad\frac{dy}{dx}=\frac{4x-3y}{3(x-y)}$$

(4) 両辺を x で微分すると
$$\cos x\cos y+\sin x\cdot(-\sin y)\cdot\frac{dy}{dx}=\frac{dy}{dx}\blacktriangleright\frac{dy}{dx}=\frac{\cos x\cos y}{1+\sin x\sin y}$$

2 (1) $\dfrac{dx}{dt}=4(2t-1),\ \dfrac{dy}{dt}=2(t-2)$ より　$\dfrac{dy}{dx}=\dfrac{\dfrac{dy}{dt}}{\dfrac{dx}{dt}}=\dfrac{t-2}{2(2t-1)}$

(2) $\dfrac{dx}{dt}=\dfrac{2(1-t^2)-2t(-2t)}{(1-t^2)^2}=\dfrac{2(1+t^2)}{(1-t^2)^2}$

$\dfrac{dy}{dt}=\dfrac{2t(1-t^2)-(1+t^2)(-2t)}{(1-t^2)^2}=\dfrac{4t}{(1-t^2)^2}$ より

$$\frac{dy}{dx}=\frac{\dfrac{dy}{dt}}{\dfrac{dx}{dt}}=\frac{2t}{1+t^2}\left(=\frac{x}{y}\right)$$

(3) $\dfrac{dx}{dt}=\sin t+t\cos t-\sin t=t\cos t,\ \dfrac{dy}{dt}=\cos t-\cos t+t\sin t=t\sin t$ で

$t>0$ なので　$\dfrac{dy}{dx}=\dfrac{\dfrac{dy}{dt}}{\dfrac{dx}{dt}}=\tan t$

(4) $\dfrac{dx}{dt}=\dfrac{1}{2}(e^t-e^{-t})=y,\ \dfrac{dy}{dt}=\dfrac{1}{2}(e^t+e^{-t})=x$ より

$$\frac{dy}{dx}=\frac{\dfrac{dy}{dt}}{\dfrac{dx}{dt}}=\frac{e^t+e^{-t}}{e^t-e^{-t}}\left(=\frac{x}{y}\right)$$

6限目 関数のグラフ

★★★★☆☆

1回目	月	日
2回目	月	日
3回目	月	日

▶関数 $y = xe^{-x}$ の増減，グラフの凹凸，変曲点，漸近線，x 軸および y 軸との交点を調べ，グラフの概形をかけ。【100点】

答えは次のページ

$x \to +\infty$ や $x \to -\infty$ のときのようすを調べ忘れないようにな。
とくに漸近線には要注意だ！

▲ **桜木MEMO**

グラフの凹凸が入れかわる点を**変曲点**という。
変曲点で接線を引くと，グラフを切るような形になる。

	点
	点
	点

目標タイム **6分** | 1回目　　分　　秒 | 2回目　　分　　秒 | 3回目　　分　　秒

$y' = 1 \cdot e^{-x} + x \cdot (-e^{-x}) = (1-x)e^{-x}$

$y'' = -1 \cdot e^{-x} + (1-x)(-e^{-x}) = (x-2)e^{-x}$

$e^{-x} \neq 0$ より

$y' = 0$ の解　　$x = 1$

$y'' = 0$ の解　　$x = 2$

$y \ = 0$ の解　　$x = 0$

$x = 0$ のとき　$y = 0$

$\lim_{x \to \infty} xe^{-x} = 0$ より　$y = 0$ は漸近線。

$\lim_{x \to -\infty} \{y-(ax+b)\} = 0$ を満たす a, b は存在しないので,

負の側に漸近線は存在しない。

x	$\cdots$	1	$\cdots$	2	$\cdots$
y'	$+$	0	$-$	$-$	$-$
y''	$-$	$-$	$-$	0	$+$
y	$\nearrow$	極大 $\dfrac{1}{e}$	$\searrow$	変曲点 $\dfrac{2}{e^2}$	$\searrow$

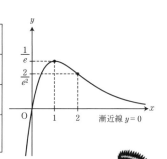

数学Ⅱのときと比べて,
いろいろなことがわかるな。

グラフをかくことは
関数の理解にも繋がるぞ。

関数のグラフ

ホップ! ステップ!

★★★★★☆

1回目	月	日
2回目	月	日
3回目	月	日

☆ドラ桜語録 ☆

「他人が犯すミスは自分も犯すかもしれない」常にこういう意識を持っておくことが大切だ。(第15巻)

▶次の関数の増減,グラフの凹凸,変曲点,漸近線,x 軸および y 軸との交点を調べ,グラフの概形をかけ。【1問 50 点】

(1) $y = x^4 + 8x^3 + 18x^2$

(2) $y = \dfrac{x}{x^2 + 1}$

		点
		点
		点

答えは次のページ

(1)　$y' = 4x^3 + 24x^2 + 36x = 4x(x+3)^2$

　　　$y'' = 12x^2 + 48x + 36 = 12(x+3)(x+1)$

　　　$y' = 0$ の解　$x = 0, \ -3$

　　　$y'' = 0$ の解　$x = -3, \ -1$

　　　$y = 0$ の解　$x = 0$

　　　$x = 0$ のとき $y = 0$

　　　$\displaystyle \lim_{x \to \pm\infty} \{y - (ax+b)\} = 0$ を満たす $a, \ b$ は存在しないので，漸近線は存在しない。

　　以上により，次のようになる。

x	$\cdots$	-3	$\cdots$	-1	$\cdots$	0	$\cdots$
y'	$-$	0	$-$	$-$	$-$	0	$+$
y''	$+$	0	$-$	0	$+$	$+$	$+$
y	$\searrow$	変曲点 27	$\searrow$	変曲点 11	$\searrow$	極小 0	$\nearrow$

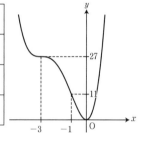

(2)　$y' = \dfrac{-x^2 + 1}{(x^2+1)^2}$　$y'' = \dfrac{2x(x^2-3)}{(x^2+1)^3}$

　　　$y' = 0$ の解　$x = \pm 1$

　　　$y'' = 0$ の解　$x = \pm\sqrt{3}, \ 0$

　　　$y = 0$ の解　$x = 0$

　　　$x = 0$ のとき　$y = 0$

　　　$\displaystyle \lim_{x \to \infty} y = \lim_{x \to -\infty} y = 0$ より $y = 0$ は漸近線。

　　以上より，次のようになる。

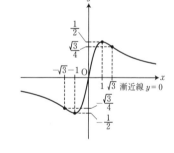

x	$\cdots$	$-\sqrt{3}$	$\cdots$	-1	$\cdots$	0	$\cdots$	1	$\cdots$	$\sqrt{3}$	$\cdots$
y'	$-$	$-$	$-$	0	$+$	$+$	$+$	0	$-$	$-$	$-$
y''	$-$	0	$+$	$+$	$+$	0	$-$	$-$	$-$	0	$+$
y	$\searrow$	変曲点 $-\dfrac{\sqrt{3}}{4}$	$\searrow$	極小 $-\dfrac{1}{2}$	$\nearrow$	変曲点 0	$\nearrow$	極大 $\dfrac{1}{2}$	$\searrow$	変曲点 $\dfrac{\sqrt{3}}{4}$	$\searrow$

▶次の関数の増減，グラフの凹凸，変曲点，漸近線，y 切片を調べ，グラフの概形をかけ。【1 問 50 点】

(1)　$y = x + \dfrac{4}{x-1}$

(2)　$y = \log\left(\dfrac{x+1}{x+2}\right)^2 - x$

	点
	点
	点

答えは次のページ ☞

(1)　与式より $x \neq 1$

$y' = 1 - \dfrac{4}{(x-1)^2} = \dfrac{(x+1)(x-3)}{(x-1)^2}$　　　$y'' = \dfrac{8}{(x-1)^3}$

$y' = 0$ の解　$x = -1,\ 3$

$y'' = 0$ の解　なし

$x = 0$ のとき　$y = -4$

$\displaystyle \lim_{x \to 1+0} y = \infty,\ \lim_{x \to 1-0} y = -\infty$ より

$x = 1$ は漸近線。

$\displaystyle \lim_{x \to \pm\infty} (y - x) = 0$ より　　$y = x$ は漸近線。

以上より，次のようになる。

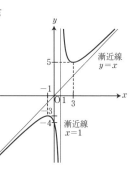

漸近線
$y = x$

漸近線
$x = 1$

x	$\cdots$	-1	$\cdots$	1	$\cdots$	3	$\cdots$
y'	$+$	0	$-$		$-$	0	$+$
y''	$-$	$-$	$-$		$+$	$+$	$+$
y	↗	極大 -3	↘		↘	極小 5	↗

(2)　与式より $x \neq -1,\ -2$

$y = 2\log|x+1| - 2\log|x+2| - x$ より

$y' = \dfrac{2}{x+1} - \dfrac{2}{x+2} - 1 = -\dfrac{x(x+3)}{(x+1)(x+2)}$

$y'' = -\dfrac{2(2x+3)}{(x+1)^2(x+2)^2}$

$y' = 0$ の解　$0,\ -3$

$y'' = 0$ の解　$-\dfrac{3}{2}$

$x = 0$ のとき　$y = -2\log 2$

$\displaystyle \lim_{x \to -2} y = \infty$ より，$x = -2$ は漸近線。

$\displaystyle \lim_{x \to -1} y = -\infty$ より，$x = -1$ は漸近線。

$\displaystyle \lim_{x \to \pm\infty} (y + x) = 0$ より，$y = -x$ は漸近線。

以上より次のようになる。

漸近線
$x = -1$

$3 + 2\log 2$

$\dfrac{3}{2}$

漸近線
$y = -x$

漸近線
$x = -2$

$-2\log 2$

x	$\cdots$	-3	$\cdots$	-2	$\cdots$	$-\dfrac{3}{2}$	$\cdots$	-1	$\cdots$	0	$\cdots$
y'	$-$	0	$+$		$-$	$-$	$-$		$+$	0	$-$
y''	$+$	$+$	$+$		$+$	0	$-$		$-$	$-$	$-$
y	↘	極小 $3+2\log 2$	↗		↘	変曲点 $\dfrac{3}{2}$	↘		↗	極大 $-2\log 2$	↘

☆ドラ桜語録 ☆

公式を覚える時に一通りの証明を一緒に覚えても効果は薄い。自分で他の証明方法がないか考え抜いてみることで、その公式をより深く理解できるぞ。（第6巻）

▶次の積分をせよ。【1問25点】

(1) $\displaystyle\int \tan^2 x\, dx =$

(2) $\displaystyle\int e^{2x-3}\, dx =$

(3) $\displaystyle\int_1^2 \frac{(x-1)(2x-1)}{x^2}\, dx =$

(4) $\displaystyle\int_0^1 \sin\frac{\pi}{2}x\, dx =$

答えは次のページ ☞

(2)や(4)は次に勉強する置換積分の範囲だが，$F'(x)=f(x)$ で a, b を定数$(a\neq 0)$とするとき

$$\int f(ax+b)dx = \frac{1}{a}F(ax+b)+C \left(\begin{array}{c}C\,\text{は}\\ \text{積分定数}\end{array}\right)$$

はおぼえておけ。

桜木MEMO

$\displaystyle\int x^\alpha dx = \frac{x^{\alpha+1}}{\alpha+1} + C \quad (\alpha\neq -1),\quad \int \frac{1}{x}\, dx = \log|x| + C$

$\displaystyle\int \sin x\, dx = -\cos x + C,\quad \int \cos x\, dx = \sin x + C,\quad \int \frac{dx}{\cos^2 x} = \tan x + C$

$\displaystyle\int e^x dx = e^x + C,\quad \int a^x dx = \frac{a^x}{\log a} + C\ (a>0,\ a\neq 1)\qquad (C\text{は積分定数})$

	点
	点
	点

目標タイム **5分** 　1回目　分　秒 　2回目　分　秒 　3回目　分　秒

(1) $\displaystyle\int \tan^2 x\,dx = \int \left(\frac{1}{\cos^2 x}-1\right)dx$

$\qquad\qquad\quad = \tan x - x + C$ （C は積分定数）

(2) $\displaystyle\int e^{2x-3}\,dx = \frac{1}{2}e^{2x-3} + C$ （C は積分定数）

(3) $\displaystyle\int_1^2 \frac{(x-1)(2x-1)}{x^2}\,dx = \int_1^2 \left(2-\frac{3}{x}+\frac{1}{x^2}\right)dx$

$\qquad\qquad\qquad\qquad = \left[2x-3\log|x|-\frac{1}{x}\right]_1^2$

$\qquad\qquad\qquad\qquad = \frac{5}{2}-3\log 2$

(4) $\displaystyle\int_0^1 \sin\frac{\pi}{2}x\,dx = \left[-\frac{2}{\pi}\cos\frac{\pi}{2}x\right]_0^1$

$\qquad\qquad\qquad = \frac{2}{\pi}$

定積分は，まず不定積分を
計算するのか！

原則的にはそうだ。
だが，定積分と面積との関係を学んだら，
たとえばジャンプの(6)のように面積を用いた解き
方が可能なものもある。ほかにもあるぞ。$a>0$
で関数 $f(x)$ が奇関数，つまり $f(-x)=-f(x)$ を
みたす関数なら $\displaystyle\int_{-a}^{a}f(x)\,dx=0$ となるが，これも
原点をはさんで左右で面積が打ち消し合うことか
ら，すぐにわかる。

積分（積分の基本）

ホップ！ステップ！

★★★★★★
1回目　　月　　日
2回目　　月　　日
3回目　　月　　日

▶次の積分をせよ。【1問10点】

(1) $\displaystyle\int (2x^4+3x^2-x)\,dx=$

(2) $\displaystyle\int (2x-3)^3\,dx=$

(3) $\displaystyle\int \frac{x-2\sqrt{x}+1}{\sqrt{x}}\,dx=$

(4) $\displaystyle\int \left(\sqrt[3]{x-2}\right)^2\,dx=$

(5) $\displaystyle\int (2\sin x-3\cos x)\,dx=$

(6) $\displaystyle\int \frac{x-\cos^2 x}{x\cos^2 x}\,dx=$

(7) $\displaystyle\int \frac{1}{\cos^2(2x-1)}\,dx=$

(8) $\displaystyle\int (e^x-1)^2\,dx=$

(9) $\displaystyle\int (2^{x+2}-2e^x)\,dx=$

(10) $\displaystyle\int \sqrt{e^{1-x}}\,dx=$

点

点

点

答えは次のページ

☆ドラ根性語録 ☆ 解法を理解し問題を数多くこなす。この正攻法が一番合格への近道です。（第7巻）

(1) $\displaystyle\int (2x^4 + 3x^2 - x)dx$

$\quad = \dfrac{2}{5}x^5 + x^3 - \dfrac{1}{2}x^2 + C$

$\qquad$ （C は積分定数）

(2) $\displaystyle\int (2x-3)^3 dx$

$\quad = \dfrac{1}{2}\cdot\dfrac{1}{4}(2x-3)^4 + C$

$\quad = \dfrac{1}{8}(2x-3)^4 + C$

$\qquad$ （C は積分定数）

(3) $\displaystyle\int \dfrac{x - 2\sqrt{x} + 1}{\sqrt{x}}dx$

$\quad = \displaystyle\int \left(\sqrt{x} - 2 + \dfrac{1}{\sqrt{x}}\right)dx$

$\quad = \displaystyle\int (x^{\frac{1}{2}} - 2 + x^{-\frac{1}{2}})dx$

$\quad = \dfrac{2}{3}x^{\frac{3}{2}} - 2x + \dfrac{2}{1}x^{\frac{1}{2}} + C$

$\quad = \dfrac{2}{3}\sqrt{x^3} - 2x + 2\sqrt{x} + C$

$\qquad$ （C は積分定数）

(4) $\displaystyle\int (\sqrt[3]{x-2})^2 dx$

$\quad = \displaystyle\int (x-2)^{\frac{2}{3}} dx$

$\quad = \dfrac{3}{5}(x-2)^{\frac{5}{3}} + C$

$\quad = \dfrac{3}{5}\sqrt[3]{(x-2)^5} + C$

$\qquad$ （C は積分定数）

(5) $\displaystyle\int (2\sin x - 3\cos x)dx$

$\quad = -2\cos x - 3\sin x + C$

$\qquad$ （C は積分定数）

(6) $\displaystyle\int \dfrac{x - \cos^2 x}{x\cos^2 x}dx$

$\quad = \displaystyle\int \left(\dfrac{1}{\cos^2 x} - \dfrac{1}{x}\right)dx$

$\quad = \tan x - \log|x| + C$

$\qquad$ （C は積分定数）

(7) $\displaystyle\int \dfrac{1}{\cos^2 (2x-1)}dx$

$\quad = \dfrac{1}{2}\tan(2x-1) + C$

$\qquad$ （C は積分定数）

(8) $\displaystyle\int (e^x - 1)^2 dx$

$\quad = \displaystyle\int (e^{2x} - 2e^x + 1)dx$

$\quad = \dfrac{1}{2}e^{2x} - 2e^x + x + C$

$\qquad$ （C は積分定数）

(9) $\displaystyle\int (2^{x+2} - 2e^x)dx$

$\quad = \dfrac{2^{x+2}}{\log 2} - 2e^x + C$

$\qquad$ （C は積分定数）

(10) $\displaystyle\int \sqrt{e^{1-x}}\,dx$

$\quad = \displaystyle\int e^{\frac{1-x}{2}} dx$

$\quad = -\dfrac{2}{1}e^{\frac{1-x}{2}} + C$

$\quad = -2\sqrt{e^{1-x}} + C$

$\qquad$ （C は積分定数）

積分（積分の基本）
ジャンプ！

★★★★☆☆

1回目	月	日
2回目	月	日
3回目	月	日

ドラ桜語録 ☆

勉強とは合理性と効率。つまり、脳と身体のメカニズムを相乗した科学的トレーニングだ！（第１巻）

▶次の積分をせよ。【1問 10 点】

(1) $\displaystyle\int_{-2}^{0}(x+2)^3\,dx=$

(2) $\displaystyle\int_{-2}^{-1}\dfrac{(x^2-1)(x+2)}{x^2}\,dx=$

(3) $\displaystyle\int_{-1}^{0}\dfrac{1}{\sqrt{1-3x}}\,dx=$

(4) $\displaystyle\int_{0}^{\frac{\pi}{2}}\cos\!\left(-2x+\dfrac{\pi}{4}\right)dx=$

(5) $\displaystyle\int_{0}^{\frac{\pi}{4}}\dfrac{2+\sin^2 x}{\cos^2 x}\,dx=$

(6) $\displaystyle\int_{0}^{\pi}\cos 2x\,dx=$

(7) $\displaystyle\int_{0}^{\frac{\pi}{2}}\dfrac{1}{1+\cos x}\,dx=$

(8) $\displaystyle\int_{1}^{3}\left(e^{x-2}-\dfrac{1}{x}\right)dx=$

(9) $\displaystyle\int_{0}^{1}\dfrac{1}{2^{2x+1}}\,dx=$

(10) $\displaystyle\int_{0}^{2}\left|\,e^{1-x}-1\,\right|dx=$

点
点
点

答えは次のページ

(1)　$\displaystyle\int_{-2}^{0}(x+2)^3\,dx$

$=\left[\dfrac{1}{4}(x+2)^4\right]_{-2}^{0}$

$=4$

(2)　$\displaystyle\int_{-2}^{-1}\dfrac{(x^2-1)(x+2)}{x^2}\,dx$

$=\displaystyle\int_{-2}^{-1}\left(x+2-\dfrac{1}{x}-\dfrac{2}{x^2}\right)dx$

$=\left[\dfrac{1}{2}x^2+2x-\log|x|+\dfrac{2}{x}\right]_{-2}^{-1}=-\dfrac{1}{2}+\log 2$

(3)　$\displaystyle\int_{-1}^{0}\dfrac{1}{\sqrt{1-3x}}\,dx$

$=\displaystyle\int_{-1}^{0}(1-3x)^{-\frac{1}{2}}\,dx$

$=-\dfrac{1}{3}\left[2(1-3x)^{\frac{1}{2}}\right]_{-1}^{0}=\dfrac{2}{3}$

(4)　$\displaystyle\int_{0}^{\frac{\pi}{2}}\cos\left(-2x+\dfrac{\pi}{4}\right)dx$

$=-\dfrac{1}{2}\left[\sin\left(-2x+\dfrac{\pi}{4}\right)\right]_{0}^{\frac{\pi}{2}}=\dfrac{1}{\sqrt{2}}$

(5)　$\displaystyle\int_{0}^{\frac{\pi}{4}}\dfrac{2+\sin^2 x}{\cos^2 x}\,dx$

$=\displaystyle\int_{0}^{\frac{\pi}{4}}\dfrac{3-\cos^2 x}{\cos^2 x}\,dx$

$=\left[3\tan x-x\right]_{0}^{\frac{\pi}{4}}=3-\dfrac{\pi}{4}$

(6)　$\displaystyle\int_{0}^{\pi}\cos 2x\,dx=\dfrac{1}{2}\left[\sin 2x\right]_{0}^{\pi}=0$

別解

$\displaystyle\int_{0}^{\pi}\cos 2x\,dx$

$=S_1+S_3-S_2=0$

(7)　$\displaystyle\int_{0}^{\frac{\pi}{2}}\dfrac{1}{1+\cos x}\,dx$

$=\displaystyle\int_{0}^{\frac{\pi}{2}}\dfrac{1}{2\cos^2\dfrac{x}{2}}\,dx$

$=\dfrac{1}{2}\cdot 2\left[\tan\dfrac{x}{2}\right]_{0}^{\frac{\pi}{2}}=1$

(8)　$\displaystyle\int_{1}^{3}\left(e^{x-2}-\dfrac{1}{x}\right)dx$

$=\left[e^{x-2}-\log|x|\right]_{1}^{3}$

$=e-\dfrac{1}{e}-\log 3$

(9)　$\displaystyle\int_{0}^{1}\dfrac{1}{2^{2x+1}}\,dx$

$=\displaystyle\int_{0}^{1}2^{-2x-1}\,dx$

$=-\dfrac{1}{2}\left[\dfrac{1}{\log 2}\cdot 2^{-2x-1}\right]_{0}^{1}$

$=\dfrac{3}{16\log 2}$

(10)　$f(x)=|e^{1-x}-1|$ について，

$x\leqq 1$ のとき　$f(x)=e^{1-x}-1$

$x\geqq 1$ のとき　$f(x)=-e^{1-x}+1$

よって

$\displaystyle\int_{0}^{2}|e^{1-x}-1|\,dx$

$=\displaystyle\int_{0}^{1}(e^{1-x}-1)\,dx+\int_{1}^{2}(-e^{1-x}+1)\,dx$

$=\left[-e^{1-x}-x\right]_{0}^{1}+\left[e^{1-x}+x\right]_{1}^{2}$

$=e+\dfrac{1}{e}-2$

▶次の積分をせよ。【1問25点】

(1) $\displaystyle\int x(x^2+1)^3\,dx =$

(2) $\displaystyle\int \tan x\,dx =$

(3) $\displaystyle\int_0^{\frac{\pi}{2}} \cos x \sin^2 x\,dx =$

(4) $\displaystyle\int_{-1}^1 \sqrt{1-x^2}\,dx =$

答えは次のページ ☞

派生公式として，次の式は特に重要だ！

$$\int \frac{g'(x)}{g(x)}\,dx = \log|g(x)| + C \quad \left(\begin{matrix}C\ は\\積分定数\end{matrix}\right)$$

点

点

点

桜木MEMO

置換積分法

$t = g(x)$ とすると，

$$\int f(g(x))g'(x)dx = \int f(t)dt$$

目標タイム **6分**　1回目　　分　　秒　2回目　　分　　秒　3回目　　分　　秒

積分（置換積分）

(1) $t = x^2 + 1$ とおくと $dt = 2x\,dx$ なので
$$\int x(x^2+1)^3\,dx = \frac{1}{2}\int t^3\,dt = \frac{1}{8}t^4 + C = \frac{1}{8}(x^2+1)^4 + C \quad (C\text{ は積分定数})$$

(2) $\displaystyle\int \tan x\,dx = \int \frac{\sin x}{\cos x}\,dx = -\int \frac{(\cos x)'}{\cos x}\,dx$
$$= -\log|\cos x| + C \quad (C\text{ は積分定数})$$

(3) $t = \sin x$ とおくと $dt = \cos x\,dx$ で

x	$0 \to \frac{\pi}{2}$
t	$0 \to 1$

$$\int_0^{\frac{\pi}{2}} \cos x \sin^2 x\,dx = \int_0^1 t^2\,dt = \left[\frac{1}{3}t^3\right]_0^1 = \frac{1}{3}$$

(4) $\sin\theta = x$ とおくと $\cos\theta\,d\theta = dx$ で

x	$-1 \to 1$
θ	$-\frac{\pi}{2} \to \frac{\pi}{2}$

$-\frac{\pi}{2} \leqq \theta \leqq \frac{\pi}{2}$ で $\cos\theta \geqq 0$ なので

$$\int_{-1}^{1} \sqrt{1-x^2}\,dx = \int_{-\frac{\pi}{2}}^{\frac{\pi}{2}} \sqrt{1-\sin^2\theta}\cdot\cos\theta\,d\theta = \int_{-\frac{\pi}{2}}^{\frac{\pi}{2}} \cos^2\theta\,d\theta$$

$$= \frac{1}{2}\int_{-\frac{\pi}{2}}^{\frac{\pi}{2}} (1+\cos 2\theta)d\theta = \frac{1}{2}\left[\theta + \frac{1}{2}\sin 2\theta\right]_{-\frac{\pi}{2}}^{\frac{\pi}{2}} = \frac{\pi}{2}$$

別解

$y = \sqrt{1-x^2}$ とおくと，これは $x^2 + y^2 = 1$ の $y \geqq 0$ の部分の曲線を表す。つまり，中心 O，半径 1 の上半円である。よって $\displaystyle\int_{-1}^{1}\sqrt{1-x^2}\,dx$ は図の

グレーの部分の面積と等しく $\frac{\pi}{2}$ である。

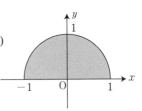

置換積分の公式ってめんどー。

便宜的に $\dfrac{dt}{dx} = g'(x)$ の分母をはらい，
$dt = g'(x)\,dx$ と置き換えたらわかりやすいぞ。

積分（置換積分）

ホップ！ステップ！

★★★★★☆

1回目	月	日
2回目	月	日
3回目	月	日

☆ドラ桜語録☆ 勝負には周到な準備と戦いに向かう気構えが必要なのだ。（第4巻）

▶次の積分をせよ。【1問 10 点】

(1) $\displaystyle\int (2x-1)(x^2-x+3)^2\,dx =$

(2) $\displaystyle\int \frac{x}{\sqrt{x^2+4}}\,dx =$

(3) $\displaystyle\int \frac{x^2-1}{x^3-3x+1}\,dx =$

(4) $\displaystyle\int \cos x(\sin x-1)^2\,dx =$

(5) $\displaystyle\int \frac{1}{\sin^2 x}\,dx =$

(6) $\displaystyle\int \frac{1-\tan x}{1+\tan x}\,dx =$

(7) $\displaystyle\int \frac{\log x}{x}\,dx =$

(8) $\displaystyle\int \frac{\log x+1}{x(\log x-1)^2}\,dx =$

(9) $\displaystyle\int e^{2x}(e^{2x}-3)^3\,dx =$

(10) $\displaystyle\int \frac{e^x}{\sqrt{e^x+1}}\,dx =$

点
点
点

 答えは次のページ

C は積分定数を表すとする。

(1) $t = x^2 - x + 3$ とおくと $dt = (2x - 1)dx$ なので
$$\int (2x-1)(x^2-x+3)^2 dx = \int t^2 dt = \frac{1}{3}t^3 + C = \frac{1}{3}(x^2-x+3)^3 + C$$

(2) $t = x^2 + 4$ とおくと $dt = 2x\,dx$ なので
$$\int \frac{x}{\sqrt{x^2+4}}dx = \frac{1}{2}\int t^{-\frac{1}{2}}dt = t^{\frac{1}{2}} + C = \sqrt{x^2+4} + C$$

(3) $$\int \frac{x^2-1}{x^3-3x+1}dx = \frac{1}{3}\int \frac{(x^3-3x+1)'}{x^3-3x+1}dx = \frac{1}{3}\log|x^3-3x+1| + C$$

(4) $t = \sin x - 1$ とおくと $dt = \cos x\,dx$ なので
$$\int \cos x(\sin x - 1)^2 dx = \int t^2 dt = \frac{t^3}{3} + C = \frac{1}{3}(\sin x - 1)^3 + C$$

(5) $t = \tan x$ とおくと $dt = \frac{1}{\cos^2 x}dx$ なので
$$\int \frac{1}{\sin^2 x}dx = \int \frac{1}{\cos^2 x}\cdot\frac{1}{\tan^2 x}dx = \int \frac{dt}{t^2} = -\frac{1}{t} + C = -\frac{1}{\tan x} + C$$

(6) $$\int \frac{1-\tan x}{1+\tan x}dx = \int \frac{\cos x - \sin x}{\cos x + \sin x}dx = \int \frac{(\sin x + \cos x)'}{\sin x + \cos x}dx$$
$$= \log|\sin x + \cos x| + C$$

(7) $t = \log x$ とおくと $dt = \frac{1}{x}dx$ なので
$$\int \frac{\log x}{x}dx = \int t\,dt = \frac{1}{2}t^2 + C = \frac{1}{2}(\log x)^2 + C$$

(8) $t = \log x - 1$ とおくと $dt = \frac{1}{x}dx$ なので
$$\int \frac{\log x + 1}{x(\log x - 1)^2}dx = \int \frac{t+2}{t^2}dt = \log|t| - \frac{2}{t} + C$$
$$= \log|\log x - 1| - \frac{2}{\log x - 1} + C$$

(9) $t = e^{2x} - 3$ とおくと $dt = 2e^{2x}dx$ なので
$$\int e^{2x}(e^{2x}-3)^3 dx = \int \frac{t^3}{2}dt = \frac{t^4}{8} + C = \frac{1}{8}(e^{2x}-3)^4 + C$$

(10) $t = \sqrt{e^x} + 1$ とおくと $(t-1)^2 = e^x$ より $2(t-1)dt = e^x\,dx$ なので
$$\int \frac{e^x}{\sqrt{e^x}+1}dx = \int \frac{2(t-1)}{t}dt = 2(t - \log|t|) + C$$
$$= 2\{\sqrt{e^x}+1 - \log(\sqrt{e^x}+1)\} + C$$

㊟たとえば(10)なら，$t = \sqrt{e^x}$ として置換積分を用いて計算すると結果が $2\{\sqrt{e^x} - \log(\sqrt{e^x}+1)\} + C$ となることがある。
これは積分定数のちがいによるものであり，解答としてはどちらでもかまわない。このようなことは他の問でもありえる。

積分（置換積分）
ジャンプ！

★★★★★

1回目	月	日
2回目	月	日
3回目	月	日

ドラ殺語録

起きてから3〜4時間後、最も脳は活発に動く。ここで数学をやるのが一番なのだ。（第1巻）

▶次の積分をせよ。【(1)〜(4)各10点，(5)〜(8)各15点】

(1) $\displaystyle\int_0^{\frac{\pi}{2}} \frac{\sin x}{\cos x+1}\,dx =$

(2) $\displaystyle\int_0^{\pi} \sin^3 x\,dx =$

(3) $\displaystyle\int_{-\frac{\pi}{2}}^{\frac{\pi}{2}} \cos x\,\tan(\sin x)\,dx =$

(4) $\displaystyle\int_1^{e} \frac{(\log x^2 -1)^2}{x}\,dx =$

(5) $\displaystyle\int_0^1 x\sqrt{x^2+1}\,dx =$

(6) $\displaystyle\int_0^1 x^3\sqrt{1-x^2}\,dx =$

(7) $\displaystyle\int_0^1 \frac{1}{1+x^2}\,dx =$

(8) $\displaystyle\int_0^1 x^2\sqrt{1-x^2}\,dx =$

	点
	点
	点

 答えは次のページ

ジャンプ 解答

(1) $\displaystyle\int_0^{\frac{\pi}{2}} \frac{\sin x}{\cos x+1}dx = -\int_0^{\frac{\pi}{2}} \frac{(\cos x+1)'}{\cos x+1}dx = -\Big[\log|\cos x+1|\Big]_0^{\frac{\pi}{2}} = \boldsymbol{\log 2}$

(2) $\displaystyle\int_0^{\pi} \sin^3 x\, dx = \int_0^{\pi} \sin x(1-\cos^2 x)dx \cdots ①$

$t=\cos x$ とおくと $dt=-\sin x\, dx$ で

x	$0 \rightarrow \pi$
t	$1 \rightarrow -1$

$\displaystyle ① = -\int_1^{-1} (1-t^2)dt = \Big[t-\frac{1}{3}t^3\Big]_{-1}^{1} = \boldsymbol{\frac{4}{3}}$

(3) $t=\sin x$ とおくと $dt=\cos x\, dx$ で

x	$\frac{\pi}{2} \rightarrow \frac{\pi}{2}$
t	$-1 \rightarrow 1$

$\displaystyle\int_{-\frac{\pi}{2}}^{\frac{\pi}{2}} \cos x \tan(\sin x)dx = \int_{-1}^{1} \tan t\, dt$

$= \boldsymbol{0}\,(\because \tan t$ は奇関数$)$

(4) $t=\log x^2-1$ とおくと $dt=\dfrac{2}{x}dx$ で

x	$1 \rightarrow e$
t	$-1 \rightarrow 1$

$\displaystyle\int_1^{e} \frac{(\log x^2-1)^2}{x}dx = \int_{-1}^{1} t^2 \cdot \frac{1}{2}dt = \Big[\frac{1}{6}t^3\Big]_{-1}^{1} = \boldsymbol{\frac{1}{3}}$

(5) $t=\sqrt{x^2+1}$ とおくと $t^2=x^2+1$ より $2t\,dt=2x\,dx$ で

x	$0 \rightarrow 1$
t	$1 \rightarrow \sqrt{2}$

$\displaystyle\int_0^{1} x\sqrt{x^2+1}\, dx = \int_1^{\sqrt{2}} t^2\, dt = \Big[\frac{1}{3}t^3\Big]_1^{\sqrt{2}} = \boldsymbol{\frac{2}{3}\sqrt{2}-\frac{1}{3}}$

(6) $t=\sqrt{1-x^2}$ とおくと $t^2=1-x^2$ より $2t\,dt=-2x\,dx$ で

x	$0 \rightarrow 1$
t	$1 \rightarrow 0$

$\displaystyle\int_0^{1} x^3\sqrt{1-x^2}\, dx = -\int_1^{0} (1-t^2)t^2\, dt = -\Big[\frac{t^3}{3}-\frac{t^5}{5}\Big]_1^{0} = \boldsymbol{\frac{2}{15}}$

(7) $x=\tan\theta$ とおくと $dx=\dfrac{1}{\cos^2\theta}d\theta$ で

x	$0 \rightarrow 1$
θ	$0 \rightarrow \frac{\pi}{4}$

$\displaystyle\int_0^{1} \frac{1}{1+x^2}dx = \int_0^{\frac{\pi}{4}} \frac{1}{1+\tan^2\theta}\cdot\frac{1}{\cos^2\theta}d\theta = \int_0^{\frac{\pi}{4}} \cos^2\theta\cdot\frac{1}{\cos^2\theta}d\theta = \boldsymbol{\frac{\pi}{4}}$

(8) $x=\sin\theta$ とおくと $dx=\cos\theta\, d\theta$ で

x	$0 \rightarrow 1$
θ	$0 \rightarrow \frac{\pi}{2}$

$\displaystyle\int_0^{1} x^2\sqrt{1-x^2}\, dx = \int_0^{\frac{\pi}{2}} \sin^2\theta\sqrt{1-\sin^2\theta}\cos\theta\, d\theta$

$\displaystyle = \int_0^{\frac{\pi}{2}} \sin^2\theta\cos^2\theta\, d\theta = \int_0^{\frac{\pi}{2}} \Big(\frac{\sin 2\theta}{2}\Big)^2 d\theta$

$\displaystyle = \frac{1}{4}\int_0^{\frac{\pi}{2}} \frac{1-\cos 4\theta}{2}d\theta = \frac{1}{8}\Big[\theta-\frac{\sin 4\theta}{4}\Big]_0^{\frac{\pi}{2}} = \boldsymbol{\frac{\pi}{16}}$

▶次の積分をせよ。【1問25点】

(1) $\displaystyle \int x \sin x \, dx =$

(2) $\displaystyle \int_{1}^{2} \log x \, dx =$

(3) $\displaystyle \int \frac{1}{x^2-1} \, dx =$

(4) $\displaystyle \int_{-\pi}^{\pi} \cos 2x \sin 3x \, dx =$

答えは次のページ☞

p.55 の ② (1) の
$$\int_{\alpha}^{\beta} (x-\alpha)^2 (x-\beta) dx = -\frac{1}{12}(\beta-\alpha)^4$$
は，面積の計算でも使えるぞ。

	点
	点
	点

桜木MEMO

部分積分法

$$\int f(x)g'(x)dx = f(x)g(x) - \int f'(x)g(x)dx$$

目標タイム **5分** | 1回目 分 秒 | 2回目 分 秒 | 3回目 分 秒

☆ドラ桜語録 ☆ 必死に全力で粘れっ！ テストは最後の一秒までが戦いなんだ！（第2巻）

(1) $\displaystyle\int x\sin x\,dx=\int x(-\cos x)'\,dx=x(-\cos x)-\int x'(-\cos x)dx$

$\displaystyle\qquad\qquad =-x\cos x+\int\cos x\,dx$

$\qquad\qquad =\sin x-x\cos x+C$ 　(Cは積分定数)

(2) $\displaystyle\int_1^2\log x\,dx=\int_1^2 x'\log x\,dx=\Big[x\log x\Big]_1^2-\int_1^2 x(\log x)'\,dx$

$\displaystyle\qquad\qquad =2\log 2-\int_1^2 dx=2\log 2-1$

(3) $\displaystyle\int\frac{1}{x^2-1}dx=\frac{1}{2}\int\left(\frac{1}{x-1}-\frac{1}{x+1}\right)dx$

$\displaystyle\qquad\qquad =\frac{1}{2}\log|x-1|-\frac{1}{2}\log|x+1|+C$

$\displaystyle\qquad\qquad =\frac{1}{2}\log\left|\frac{x-1}{x+1}\right|+C$ 　(Cは積分定数)

(4) $\displaystyle\int_{-\pi}^{\pi}\cos 2x\sin 3x\,dx=\int_{-\pi}^{\pi}\frac{1}{2}\{\sin(2x+3x)-\sin(2x-3x)\}dx$

$\displaystyle =\frac{1}{2}\int_{-\pi}^{\pi}(\sin 5x+\sin x)dx=\frac{1}{2}\Big[-\frac{1}{5}\cos 5x-\cos x\Big]_{-\pi}^{\pi}=0$

別解

$\quad f(x)=\cos 2x\sin 3x$ とおくと $f(-x)=(\cos 2x)(-\sin 3x)=-f(x)$

$\quad$ となるので，$y=f(x)$ は奇関数である。よって $\displaystyle\int_{-\pi}^{\pi}f(x)dx=0$

(4) の最初の変形は
いったい何だ？

三角関数の積を和になおす公式を使ってるぞ。
ドラゴン桜式 数学力ドリル 数学Ⅱ・B・Cの
「三角関数 (1)」を参考にしよう。

積分（部分積分など）
ホップ！ステップ！

★★★★☆

1回目	月	日
2回目	月	日
3回目	月	日

1 ▶次の積分をせよ。【1問 10 点】

(1) $\displaystyle\int xe^x\,dx =$

(2) $\displaystyle\int x^2 \log x\,dx =$

(3) $\displaystyle\int x \log(x^2+1)\,dx =$

(4) $\displaystyle\int x^2 \cos x\,dx =$

2 ▶次の積分をせよ。ただし，$\alpha,\ \beta$ は実数とする。【1問 15 点】

(1) $\displaystyle\int_{\alpha}^{\beta}(x-\alpha)^2(x-\beta)\,dx =$

(2) $\displaystyle\int_{0}^{1}2^{x+2}\,x\,dx =$

(3) $\displaystyle\int_{0}^{2}x^2 e^x\,dx =$

(4) $\displaystyle\int_{0}^{1}\log(x^2+1)\,dx =$

点
点
点

答えは次のページ

目標タイム **20**分 | 1回目　　分　　秒 | 2回目　　分　　秒 | 3回目　　分　　秒

1 (1) $\displaystyle\int xe^x\,dx = \int x(e^x)'\,dx = xe^x - \int x'\,e^x\,dx = (x-1)e^x + C$ （C は積分定数）

(2) $\displaystyle\int x^2 \log x\,dx = \int \left(\frac{x^3}{3}\right)' \log x\,dx = \frac{1}{3}\left\{x^3 \log x - \int x^3 (\log x)'\,dx\right\}$

$\displaystyle = \frac{1}{3}\left(x^3 \log x - \frac{1}{3}x^3\right) + C = \frac{1}{9}x^3 (3 \log x - 1) + C$ （C は積分定数）

(3) $\displaystyle\int x \log(x^2+1)\,dx = \int \left\{\frac{1}{2}(x^2+1)\right\}' \log(x^2+1)\,dx$

$\displaystyle = \frac{1}{2}\left\{(x^2+1)\log(x^2+1) - \int (x^2+1)\frac{2x}{x^2+1}\,dx\right\}$

$\displaystyle = \frac{1}{2}(x^2+1)\log(x^2+1) - \frac{1}{2}x^2 + C$ （C は積分定数）

(4) $\displaystyle\int x^2 \cos x\,dx = \int x^2 (\sin x)'\,dx = x^2 \sin x - 2\int x \sin x\,dx$

ここで $\displaystyle\int x \sin x\,dx = \int x(-\cos x)'\,dx = -x \cos x + \sin x + C$ （p.53（1）参照）

よって　与式 $= (x^2-2)\sin x + 2x \cos x + C$ （C は積分定数）

2 (1) $\displaystyle\int_\alpha^\beta (x-\alpha)^2(x-\beta)\,dx = \int_\alpha^\beta \left\{\frac{1}{3}(x-\alpha)^3\right\}'(x-\beta)\,dx$

$\displaystyle = \left[\frac{1}{3}(x-\alpha)^3(x-\beta)\right]_\alpha^\beta - \frac{1}{3}\int_\alpha^\beta (x-\alpha)^3(x-\beta)'\,dx$

$\displaystyle = -\frac{1}{3}\left[\frac{1}{4}(x-\alpha)^4\right]_\alpha^\beta = -\frac{1}{12}(\beta-\alpha)^4$

(2) $\displaystyle\int_0^1 2^{x+2}x\,dx = \int_0^1 \left(\frac{1}{\log 2}\cdot 2^{x+2}\right)' x\,dx = \left[\frac{1}{\log 2}\cdot 2^{x+2}x\right]_0^1 - \frac{1}{\log 2}\int_0^1 2^{x+2}x'\,dx$

$\displaystyle = \frac{8}{\log 2} - \frac{1}{(\log 2)^2}\left[2^{x+2}\right]_0^1 = \frac{8}{\log 2} - \frac{4}{(\log 2)^2}$

(3) $\displaystyle\int_0^2 x^2 e^x\,dx = \int_0^2 x^2(e^x)'\,dx = \left[x^2 e^x\right]_0^2 - \int_0^2 (x^2)' e^x\,dx = 4e^2 - 2\int_0^2 xe^x\,dx$

$\displaystyle = 4e^2 - 2\left[(x-1)e^x\right]_0^2 = 4e^2 - 2e^2 - 2 = 2(e^2-1)$ （**1**(1)参照）

(4) $\displaystyle\int_0^1 \log(x^2+1)\,dx = \int_0^1 x' \log(x^2+1)\,dx$

$\displaystyle = \left[x \log(x^2+1)\right]_0^1 - \int_0^1 \frac{2x^2}{x^2+1}\,dx = \log 2 - \int_0^1 \frac{2(x^2+1)-2}{x^2+1}\,dx$

$\displaystyle = \log 2 - \int_0^1 \left(2 - \frac{2}{x^2+1}\right)dx = \log 2 - 2 + 2\int_0^1 \frac{1}{x^2+1}\,dx$

$\displaystyle = \log 2 - 2 + \frac{\pi}{2}$ （p.51（7）参照）

積分（部分積分など）
ジャンプ！

★★★★★
1回目　　月　　日
2回目　　月　　日
3回目　　月　　日

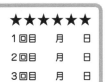

☆ ドラ桜語録 ☆

「知る」ということ……。その知識は幸せをもたらす、強力な武器だということだ。（第3巻）

1 ▶次の積分をせよ。【1問10点】

(1) $\displaystyle\int \sin 3x \sin x \, dx =$

(2) $\displaystyle\int \sin^2 x \, dx =$

(3) $\displaystyle\int_0^{\frac{\pi}{2}} \cos 3x \cos 2x \, dx =$

(4) $\displaystyle\int_0^{\pi} \sin^2 x \cos^2 x \, dx =$

2 ▶次の積分をせよ。【1問10点】

(1) $\displaystyle\int \frac{3x^3 - x^2 + 1}{x-1} dx =$

(2) $\displaystyle\int_1^2 \frac{x-1}{x(x+1)} dx =$

(3) $\displaystyle\int_0^2 \frac{x^2 - 2x + 3}{(x+1)(x^2+1)} dx =$

(4) $\displaystyle\int \frac{x+2}{x^2(x+1)} dx =$

3 ▶ $\displaystyle\int \frac{1}{\sin x} dx$ を計算せよ。【20点】

点

点

点

答えは次のページ ☞

目標タイム **25分**　1回目　　分　　秒　2回目　　分　　秒　3回目　　分　　秒

1 (1) $\displaystyle\int \sin 3x \sin x\,dx = \int\left(-\frac{1}{2}\right)\{\cos(3x+x)-\cos(3x-x)\}dx$

$$= -\frac{1}{8}\sin 4x + \frac{1}{4}\sin 2x + C \quad (C\text{は積分定数})$$

(2) $\displaystyle\int \sin^2 x\,dx = \int \frac{1}{2}(1-\cos 2x)dx = \frac{1}{2}x - \frac{1}{4}\sin 2x + C \quad (C\text{は積分定数})$

(3) $\displaystyle\int_0^{\frac{\pi}{2}} \cos 3x \cos 2x\,dx = \int_0^{\frac{\pi}{2}} \frac{1}{2}\{\cos(3x+2x)+\cos(3x-2x)\}dx = \frac{1}{2}\left[\frac{1}{5}\sin 5x + \sin x\right]_0^{\frac{\pi}{2}} = \frac{3}{5}$

(4) $\displaystyle \sin^2 x \cos^2 x = \left(\frac{1}{2}\sin 2x\right)^2 = \frac{1}{4}\cdot\frac{1-\cos 4x}{2}$ より

$$\int_0^{\pi} \sin^2 x \cos^2 x\,dx = \frac{1}{8}\int_0^{\pi}(1-\cos 4x)dx = \frac{1}{8}\left[x-\frac{1}{4}\sin 4x\right]_0^{\pi} = \frac{1}{8}\pi$$

2 (1) $\displaystyle\int \frac{3x^3-x^2+1}{x-1}dx = \int\left(3x^2+2x+2+\frac{3}{x-1}\right)dx$

$$= x^3 + x^2 + 2x + 3\log|x-1| + C \quad (C\text{は積分定数})$$

(2) $\displaystyle\int_1^2 \frac{x-1}{x(x+1)}dx = \int_1^2\left(\frac{2}{x+1}-\frac{1}{x}\right)dx = \left[2\log|x+1|-\log|x|\right]_1^2 = \log\frac{9}{8}$

(3) $\displaystyle\int_0^2 \frac{x^2-2x+3}{(x+1)(x^2+1)}dx = \int_0^2\left(\frac{3}{x+1}-\frac{2x}{x^2+1}\right)dx = \int_0^2\left\{\frac{3}{x+1}-\frac{(x^2+1)'}{x^2+1}\right\}dx$

$$= \left[3\log|x+1|-\log|x^2+1|\right]_0^2 = 3\log 3 - \log 5 = \log\frac{27}{5}$$

(4) $\displaystyle \frac{x+2}{x^2(x+1)} = \frac{a}{x}+\frac{b}{x^2}+\frac{c}{x+1}$ と分解することを考える。

両辺に $x^2(x+1)$ をかけると，$x+2 = ax(x+1)+b(x+1)+cx^2$ なので，
係数を比較すると $a=-1,\ b=2,\ c=1$ である。

よって $\displaystyle\int \frac{x+2}{x^2(x+1)}dx = \int\left(\frac{-1}{x}+\frac{2}{x^2}+\frac{1}{x+1}\right)dx$

$$= -\log|x| - \frac{2}{x} + \log|x+1| + C = \log\left|\frac{x+1}{x}\right| - \frac{2}{x} + C \quad (C\text{は積分定数})$$

3 $\displaystyle\int \frac{1}{\sin x}dx = \int \frac{\sin x}{\sin^2 x}dx = \int \frac{\sin x}{1-\cos^2 x}dx$

$t = \cos x$ とおくと $dt = -\sin x\,dx$ なので

$$\int \frac{1}{\sin x}dx = \int \frac{-dt}{1-t^2} = \int \frac{1}{2}\left(\frac{1}{t-1}-\frac{1}{t+1}\right)dt = \frac{1}{2}(\log|t-1|-\log|t+1|)+C$$

$$= \frac{1}{2}\log\left|\frac{t-1}{t+1}\right| + C = \frac{1}{2}\log\left|\frac{\sin^2\frac{x}{2}}{\cos^2\frac{x}{2}}\right| + C = \log\left|\tan\frac{x}{2}\right| + C \quad (C\text{は積分定数})$$

10限目 微分と積分の発展問題

1 ▶ a を定数，$f(x)$ を連続関数，$g(x)$ を微分可能な関数とするとき，

$$\frac{d}{dx}\int_a^{g(x)} f(t)dt = f(g(x))g'(x)$$

となることを証明し，$x > 0$ のとき，$\dfrac{d}{dx}\displaystyle\int_1^{x^2} \log t\, dt$ を求めよ。【50点】

2 ▶ $\displaystyle\lim_{n\to\infty}\left(\dfrac{1}{n+1}+\dfrac{1}{n+2}+\cdots+\dfrac{1}{2n}\right)$ を求めよ。【50点】

答えは次のページ

積分と微分がセットになっていたら，
積分計算をしない方法も考えろ。

桜木MEMO

- a を定数，$f(x)$ を連続関数，$g(x)$ を微分可能な関数とするとき
$$\frac{d}{dx}\int_a^x f(t)dt = f(x),\quad \frac{d}{dx}\int_a^{g(x)} f(t)dt = f(g(x))g'(x)$$
- 区分求積法による極限計算
$$\lim_{n\to\infty}\frac{1}{n}\left\{f\left(\frac{1}{n}\right)+f\left(\frac{2}{n}\right)+\cdots+f\left(\frac{n}{n}\right)\right\}$$
$$=\lim_{n\to\infty}\frac{1}{n}\left\{f\left(\frac{0}{n}\right)+f\left(\frac{1}{n}\right)+\cdots+f\left(\frac{n-1}{n}\right)\right\}$$
$$=\int_0^1 f(x)dx$$

点

点

点

目標タイム **6分**　1回目　　分　　秒　2回目　　分　　秒　3回目　　分　　秒

★ドラ桜語録★ 精神的な強さがなければ、受験では絶対に勝てない。（第6巻）

1 $F(x)$ を $f(x)$ の原始関数の 1 つとすると,

$$\frac{d}{dx}\int_a^{g(x)} f(t)dt = \frac{d}{dx}\Big[F(t)\Big]_a^{g(x)} = \frac{d}{dx}(F(g(x))-F(a))$$

となり, 合成関数の微分より

$$\frac{d}{dx}(F(g(x))-F(a)) = F'(g(x))\,g'(x) = f(g(x))\,g'(x)$$

これを用いると $x>0$ のとき,

$$\frac{d}{dx}\int_1^{x^2} \log t\, dt = \log x^2 \cdot (x^2)' = 2\log x \cdot 2x = 4x\log x$$

（注）さらに一般に, $\dfrac{d}{dx}\displaystyle\int_{h(x)}^{g(x)} f(t)dt = f(g(x))\,g'(x) - f(h(x))\,h'(x)$ が成り立つ。

2
$$\lim_{n\to\infty}\Big(\frac{1}{n+1}+\frac{1}{n+2}+\cdots+\frac{1}{2n}\Big)$$

$$=\lim_{n\to\infty}\frac{1}{n}\Big(\frac{1}{1+\frac{1}{n}}+\frac{1}{1+\frac{2}{n}}+\cdots+\frac{1}{1+\frac{n}{n}}\Big)\quad\cdots①$$

ここで $f(x)=\dfrac{1}{1+x}$ とおくと

$$① = \lim_{n\to\infty}\frac{1}{n}\Big\{f\Big(\frac{1}{n}\Big)+f\Big(\frac{2}{n}\Big)+\cdots+f\Big(\frac{n}{n}\Big)\Big\}$$

$$=\int_0^1 f(x)dx = \int_0^1 \frac{dx}{1+x} = \Big[\log|\,1+x\,|\,\Big]_0^1 = \log 2$$

級数の和が積分になるなんて
不思議だな。

実は, 積分は細くきざんで足して
いくという所から生まれたんだ。
だから, こちらを元祖と呼ぶべき
なんだ。

微分と積分の発展問題
ホップ！

ドラ桜語録 ☆
基礎学習が全ての根元でありまさに王道。まず基礎をしっかり固めるのが偏差値を上昇させる条件の一つだ。（第4巻）

1 ▶次の計算をせよ。【1問20点】

(1) $\dfrac{d}{dx}\displaystyle\int_0^{\log x} e^t\,dt =$

(2) $\dfrac{d}{dx}\displaystyle\int_{\cos x}^{\sin x} t^3\,dt =$

(3) $\dfrac{d}{dx}\displaystyle\int_0^x (x-t)\sin t\,dt =$

2 ▶次の極限を求めよ。【1問20点】

(1) $\displaystyle\lim_{n\to\infty}\dfrac{1}{n^5}(1^4+2^4+\cdots+n^4) =$

(2) $\displaystyle\lim_{n\to\infty} n\left(\dfrac{1}{n^2+1^2}+\dfrac{1}{n^2+2^2}+\cdots+\dfrac{1}{n^2+n^2}\right) =$

	点
	点
	点

答えは次のページ ☞

1 (1) $\dfrac{d}{dx}\displaystyle\int_0^{\log x} e^t\,dt = e^{\log x}(\log x)' = x\cdot\dfrac{1}{x} = \boldsymbol{1}$

(2) $\dfrac{d}{dx}\displaystyle\int_{\cos x}^{\sin x} t^3\,dt = \sin^3 x\cdot(\sin x)' - \cos^3 x\cdot(\cos x)'$

$\qquad\qquad\qquad = \sin^3 x\cos x + \cos^3 x\sin x = \boldsymbol{\sin x\cos x}$

(3) $\dfrac{d}{dx}\displaystyle\int_0^x (x-t)\sin t\,dt = \dfrac{d}{dx}\left(x\int_0^x \sin t\,dt - \int_0^x t\sin t\,dt\right)$

$\qquad = \displaystyle\int_0^x \sin t\,dt + x\dfrac{d}{dx}\int_0^x \sin t\,dt - \dfrac{d}{dx}\int_0^x t\sin t\,dt$

$\qquad = \Big[-\cos t\Big]_0^x + x\sin x - x\sin x = \boldsymbol{1 - \cos x}$

> ㊟(3)の解答を一般化すると，連続関数 $y=f(x)$ と定数 a に対して
> $\dfrac{d}{dx}\displaystyle\int_a^x (x-t)\,f(t)\,dt = \int_a^x f(t)\,dt$
> が成り立つことがわかる。

2 (1) $\displaystyle\lim_{n\to\infty}\dfrac{1}{n^5}(1^4+2^4+\cdots+n^4) = \lim_{n\to\infty}\dfrac{1}{n}\left\{\left(\dfrac{1}{n}\right)^4+\left(\dfrac{2}{n}\right)^4+\cdots+\left(\dfrac{n}{n}\right)^4\right\}\cdots①$

ここで $f(x)=x^4$ とおくと

$① = \displaystyle\lim_{n\to\infty}\dfrac{1}{n}\left\{f\left(\dfrac{1}{n}\right)+f\left(\dfrac{2}{n}\right)+\cdots+f\left(\dfrac{n}{n}\right)\right\} = \int_0^1 f(x)\,dx$

$\quad = \displaystyle\int_0^1 x^4\,dx = \dfrac{\boldsymbol{1}}{\boldsymbol{5}}$

(2) $\displaystyle\lim_{n\to\infty} n\left(\dfrac{1}{n^2+1^2}+\dfrac{1}{n^2+2^2}+\cdots+\dfrac{1}{n^2+n^2}\right)$

$= \displaystyle\lim_{n\to\infty}\dfrac{1}{n}\left\{\dfrac{1}{1+\left(\dfrac{1}{n}\right)^2}+\dfrac{1}{1+\left(\dfrac{2}{n}\right)^2}+\cdots+\dfrac{1}{1+\left(\dfrac{n}{n}\right)^2}\right\}\cdots①$

ここで $f(x)=\dfrac{1}{1+x^2}$ とおくと

$① = \displaystyle\lim_{n\to\infty}\dfrac{1}{n}\left\{f\left(\dfrac{1}{n}\right)+f\left(\dfrac{2}{n}\right)+\cdots+f\left(\dfrac{n}{n}\right)\right\} = \int_0^1 f(x)\,dx$

$\quad = \displaystyle\int_0^1 \dfrac{1}{1+x^2}\,dx = \dfrac{\pi}{4}$　　(p.51 (7)参照)

微分と積分の発展問題
ステップ！
★★★★☆
1回目	月	日
2回目	月	日
3回目	月	日
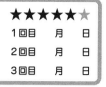

1 ▶次の式をみたす連続関数 $f(x)$ および定数 a を求めよ。

【1問20点】

(1) $\displaystyle\int_0^{3x} f(t)\,dt = (x+1)\cos x + a$

(2) $\displaystyle\int_0^x f(t)\,dt = e^x - \int_0^a f(t)\,dt$

2 ▶次の極限値を求めよ。【1問20点】

(1) $\displaystyle\lim_{x \to 1} \frac{1}{x-1}\int_1^x (t+1)e^{t^2}\,dt$

(2) $\displaystyle\lim_{x \to 0} \frac{1}{x}\int_0^{\sin x} \sqrt{2+t^3}\,dt$

3 ▶ $\displaystyle\lim_{n \to \infty} \frac{1}{n}\sum_{k=1}^{n} \sin\frac{k\pi}{n}$ を求めよ。【20点】

	点
	点
	点

答えは次のページ

目標タイム **14分** | 1回目 　分　　秒 | 2回目 　分　　秒 | 3回目 　分　　秒 |

1 (1) $\displaystyle\int_0^{3x} f(t)\,dt = (x+1)\cos x + a$ の両辺に $x=0$ を代入すると，

$0 = 1 + a$ より，$a = -1$ である。与式の両辺を x で微分すると，
$$3f(3x) = \cos x - (x+1)\sin x$$
なので，$u = 3x$ とおくと，
$$f(u) = \frac{1}{3}\left\{\cos\frac{u}{3} - \left(\frac{u}{3}+1\right)\sin\frac{u}{3}\right\}$$

よって $\boldsymbol{a = -1}$, $\boldsymbol{f(x) = \dfrac{1}{3}\left\{\cos\dfrac{x}{3} - \left(\dfrac{x}{3}+1\right)\sin\dfrac{x}{3}\right\}}$

(2) $\displaystyle\int_0^x f(t)\,dt = e^x - \int_0^a f(t)\,dt$ の両辺に $x=0$ を代入すると

$0 = 1 - \displaystyle\int_0^a f(t)\,dt$ より $\displaystyle\int_0^a f(t)\,dt = 1$

与式の両辺を x で微分すると $f(x) = e^x$ そうすると

$\displaystyle\int_0^a e^t\,dt = 1$ より $e^a - 1 = 1$ となる。したがって $a = \log 2$

よって $\boldsymbol{a = \log 2}$, $\boldsymbol{f(x) = e^x}$

2 (1), (2)ともに被積分関数を $f(t)$，その原始関数の1つを $F(t)$ とおく。

(1) $\displaystyle\lim_{x\to 1}\frac{1}{x-1}\int_1^x (t+1)e^t\,dt = \lim_{x\to 1}\frac{1}{x-1}\Big[F(t)\Big]_1^x = \lim_{x\to 1}\frac{F(x)-F(1)}{x-1}$
$= F'(1) = f(1) = \boldsymbol{2e}$

(2) $\displaystyle\lim_{x\to 0}\frac{1}{x}\int_0^{\sin x}\sqrt{2+t^3}\,dt = \lim_{x\to 0}\frac{1}{x}\Big[F(t)\Big]_0^{\sin x} = \lim_{x\to 0}\frac{F(\sin x)-F(0)}{x-0}$
$= \displaystyle\lim_{x\to 0}\frac{F(\sin x)-F(0)}{\sin x - 0}\cdot\frac{\sin x - 0}{x-0} = F'(0)\cdot 1 = f(0) = \boldsymbol{\sqrt{2}}$

3 $f(x) = \sin\pi x$ とおくと
$= \displaystyle\lim_{n\to\infty}\frac{1}{n}\sum_{k=1}^n \sin\frac{k\pi}{n} = \lim_{n\to\infty}\frac{1}{n}\sum_{k=1}^n f\left(\frac{k}{n}\right)$
$= \displaystyle\int_0^1 \sin\pi x\,dx = \left[\frac{-1}{\pi}\cos\pi x\right]_0^1 = \boldsymbol{\dfrac{2}{\pi}}$

微分と積分の発展問題
ジャンプ！

★★★★★★

1回目	月	日
2回目	月	日
3回目	月	日

▶ n を 0 以上の整数とし，$I_n = \displaystyle\int_0^{\frac{\pi}{4}} \tan^n x \, dx$ とおく。

ただし，$\tan^0 x = 1$ とする。このとき，次の問いに答えよ。

(1) I_0 と I_1 を求めよ。【I_0：5点，I_1：15点，合計20点】

(2) $I_n + I_{n+2}$ を求めよ。【20点】

(3) $\displaystyle\lim_{n \to \infty} I_n$ を求めよ。【20点】

(4) $\displaystyle\sum_{n=1}^{\infty} (-1)^{n-1} \frac{1}{2n-1}$ と $\displaystyle\sum_{n=1}^{\infty} (-1)^{n-1} \frac{1}{n}$ を求めよ。

【各20点，合計40点】

勉強でもスポーツでも、練習どおりやれれば大体成功する。世の中の大概のことは、普段やっていることをやれれば上手くいくようになっているのだ。（第20巻）

☆ドラ桜語録☆

点
点
点

答えは次のページ

(1)　$I_0 = \displaystyle\int_0^{\frac{\pi}{4}} 1\, dx = \dfrac{\pi}{4}$

また，p.47(2)により

$$I_1 = \int_0^{\frac{\pi}{4}} \tan x\, dx = \left[-\log|\cos x| \right]_0^{\frac{\pi}{4}} = -\log\frac{1}{\sqrt{2}} = \frac{1}{2}\log 2$$

(2)　$I_n + I_{n+2} = \displaystyle\int_0^{\frac{\pi}{4}} \tan^n x\, dx + \int_0^{\frac{\pi}{4}} \tan^{n+2} x\, dx$

$$= \int_0^{\frac{\pi}{4}} \tan^n x (1+\tan^2 x)dx = \int_0^{\frac{\pi}{4}} \tan^n x \cdot \frac{1}{\cos^2 x} dx \cdots ①$$

$t = \tan x$ とおくと　$dt = \dfrac{dx}{\cos^2 x}$ で

x	0	$\to$	$\frac{\pi}{4}$
t	0	$\to$	1

なので

$$① = \int_0^1 t^n\, dt = \left[\frac{1}{n+1} t^{n+1} \right]_0^1 = \frac{1}{n+1}$$

(3)　$0 \le x \le \dfrac{\pi}{4}$ で　$\tan^n x \ge 0$ なので，どのような n に

対しても　$0 \le I_n \le I_n + I_{n+2} = \dfrac{1}{n+1}$ が成り立つ。

ここで，$\displaystyle\lim_{n \to \infty} \frac{1}{n+1} = 0$ なので，$\displaystyle\lim_{n \to \infty} I_n = 0$

(4)　$S_n = 1 - \dfrac{1}{3} + \dfrac{1}{5} - \cdots + (-1)^{n-1} \dfrac{1}{2n-1}$ とおくと，

$S_n = (I_0 + I_2) - (I_2 + I_4) + (I_4 + I_6) - \cdots + (-1)^{n-1}(I_{2n-2} + I_{2n})$

$= I_0 + (-1)^{n-1} I_{2n}$

(3)より，$\displaystyle\sum_{n=1}^{\infty} (-1)^{n-1} \frac{1}{2n-1} = \lim_{n \to \infty} S_n = I_0 = \frac{\pi}{4}$

$T_n = 1 - \dfrac{1}{2} + \dfrac{1}{3} - \cdots + (-1)^{n-1} \dfrac{1}{n}$ とおくと，

$\dfrac{1}{2} T_n = \dfrac{1}{2} - \dfrac{1}{4} + \dfrac{1}{6} - \cdots + (-1)^{n-1} \dfrac{1}{2n}$

$= (I_1 + I_3) - (I_3 + I_5) + (I_5 + I_7) - \cdots + (-1)^{n-1}(I_{2n-1} + I_{2n+1})$

$= I_1 + (-1)^{n-1} I_{2n+1}$

(3)より，$\displaystyle\sum_{n=1}^{\infty} (-1)^{n-1} \frac{1}{n} = \lim_{n \to \infty} T_n = 2I_1 = \log 2$

11 限目 面積と曲線の長さ

1 ▶ $y = \sin x$, $y = \sin 2x$ のグラフと2直線 $x = 0$, $x = \dfrac{\pi}{2}$ とで囲まれる部分の面積を求めよ。【50点】

2 ▶ $a > 0$ とする。曲線 $y = \dfrac{e^x + e^{-x}}{2}$ の $-a \le x \le a$ の部分の長さ L を求めよ。【50点】

答えは次のページ ☞

グラフの接線がよく問われるのは面積の問題でだ！ $x = a$ での接線の方程式は $y = f'(a)(x-a) + f(a)$ だぞ。

桜木MEMO

・グレー部分の面積 $= \int_a^b |f(x) - g(x)| dx$

曲線 $y = f(x)$ の $a \le x \le b$ の長さ

$= \int_a^b \sqrt{1 + \{f'(x)\}^2}\, dx$

曲線 $x = f(t)$, $y = g(t)$ の $t_1 \le t \le t_2$ の部分の長さ

$= \int_{t_1}^{t_2} \sqrt{\left(\dfrac{dx}{dt}\right)^2 + \left(\dfrac{dy}{dt}\right)^2}\, dt$

点
点
点

目標タイム **5** 分 | 1回目 分 秒 | 2回目 分 秒 | 3回目 分 秒

1 $0 \leqq x \leqq \dfrac{\pi}{2}$ の範囲で $\sin x = \sin 2x$ の解を求めると

$\quad \sin x = \sin 2x \Rightarrow \sin x = 2\sin x \cos x$

$\quad \Rightarrow \sin x(1 - 2\cos x) = 0 \Rightarrow \sin x = 0, \ \cos x = \dfrac{1}{2}$

よって $\quad x = 0, \ \dfrac{\pi}{3}$

以上の結果とグラフより求める面積を S とすると

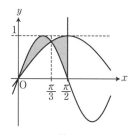

$$S = \int_0^{\frac{\pi}{3}} (\sin 2x - \sin x)dx + \int_{\frac{\pi}{3}}^{\frac{\pi}{2}} (\sin x - \sin 2x)dx$$

$$\quad = \left[-\frac{1}{2}\cos 2x + \cos x \right]_0^{\frac{\pi}{3}} + \left[-\cos x + \frac{1}{2}\cos 2x \right]_{\frac{\pi}{3}}^{\frac{\pi}{2}}$$

$$\quad = \frac{1}{4} + \frac{1}{4} = \frac{1}{2}$$

2 $y' = \dfrac{e^x - e^{-x}}{2}$ で, $\sqrt{1 + y'^2} = \dfrac{e^x + e^{-x}}{2}$ となるので

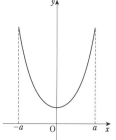

$$L = \int_{-a}^a \frac{e^x + e^{-x}}{2}dx = \left[\frac{e^x - e^{-x}}{2} \right]_{-a}^a$$

$$\quad = e^a - e^{-a}$$

㊟この曲線が y 軸に対して対象であることに気づくと,
上の計算は $L = 2\displaystyle\int_0^a \dfrac{e^x - e^{-x}}{2}dx$ で求められる。

$\sin 2x$ のグラフをかくとき
も微分するの？

いやいや。
$\sin x$ を x 軸方向に $\dfrac{1}{2}$ 倍したグラフになるから,
微分をしなくても形がわかるのだ。

面積と曲線の長さ
ホップ！ステップ！

★★★★☆

1回目	月	日
2回目	月	日
3回目	月	日

☆ドラ根性語録 ☆ 試験は常に自分との戦い。（第7巻）

1 ▶ 曲線 $y = x^3 + 3x^2 - 9x + 5$ 上の点 A$(2, 7)$ における接線とこの曲線とで囲まれた部分の面積 S を求めよ。【35 点】

2 ▶ 曲線 $y = xe^{-x}$ 上の点 A$(2, 2e^{-2})$ における接線とこの曲線および y 軸とで囲まれた部分の面積 S を求めよ。【35 点】

3 ▶ 次の曲線と y 軸で囲まれた部分の面積 S を求めよ。【30 点】

$$\begin{cases} x = \dfrac{\cos 2t}{\cos^2 t} \\ y = \tan t \end{cases} \quad \left(-\dfrac{\pi}{2} < t < \dfrac{\pi}{2} \right)$$

点

点

点

答えは次のページ 🖝

目標タイム **18分** | 1回目 分 秒 | 2回目 分 秒 | 3回目 分 秒

1 $y'=3x^2+6x-9$ より，点 A における接線の方程式は，
$y=15(x-2)+7$ すなわち　$y=15x-23$

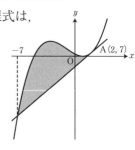

曲線 $y=x^3+3x^2-9x+5$ と接線 $y=15x-23$ の
共有点の x 座標は $x^3+3x^2-9x+5=15x-23$
すなわち $(x-2)^2(x+7)=0$ の解なので $x=2,-7$
よって S は図のグレーの部分の面積で
$$S=\int_{-7}^{2}\{(x^3+3x^2-9x+5)-(15x-23)\}dx$$
$$=\int_{-7}^{2}(x-2)^2(x+7)dx=\frac{1}{12}\{2-(-7)\}^4=\frac{2187}{4}$$

(p.55 **2**(1)を用いた)

2 $y'=(1-x)e^{-x}$ より点 A における接線の方程式は
$y=-e^{-2}(x-2)+2e^{-2}$ すなわち $y=-e^{-2}x+4e^{-2}$ である。

p.35 の問題より，点 A はこの曲線の変曲点で，曲線と接線との様子は
図のようになる。よって

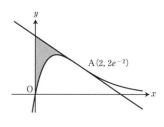

$$S=\int_{0}^{2}(-e^{-2}x+4e^{-2}-xe^{-x})dx$$
$$=\left[-\frac{e^{-2}}{2}x^2+4e^{-2}x\right]_{0}^{2}-\int_{0}^{2}x(-e^{-x})'dx$$
$$=-2e^{-2}+8e^{-2}+\left[xe^{-x}\right]_{0}^{2}-\int_{0}^{2}e^{-x}dx$$
$$=6e^{-2}+2e^{-2}+\left[e^{-x}\right]_{0}^{2}$$
$$=8e^{-2}+e^{-2}-1=9e^{-2}-1$$

3 $x=\dfrac{\cos 2t}{\cos^2 t}=\dfrac{\cos^2 t-\sin^2 t}{\cos^2 t}=1-\tan^2 t=1-y^2$

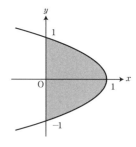

また，$-\dfrac{\pi}{2}<t<\dfrac{\pi}{2}$ より y は実数全体を動く。
$x=1-y^2$ と y 軸の交点は，$(0,\ -1),\ (0,\ 1)$
$$S=\int_{-1}^{1}(1-y^2)dy=2\left[y-\frac{1}{3}y^3\right]_{0}^{1}$$
$$=\frac{4}{3} \text{（偶関数の性質を用いた）}$$

面積と曲線の長さ

ジャンプ！

★★★★★★

1回目	月	日
2回目	月	日
3回目	月	日

1 ▶円 $x^2+y^2=2$ と放物線 $y=x^2$ で囲まれた部分の面積 S を求めよ。【40点】

2 ▶a を正の定数とする。サイクロイド
$$x=a(\theta-\sin\theta),\ y=a(1-\cos\theta)$$
の $0\leqq\theta\leqq2\pi$ の部分を C とする。

(1) C の長さ L を求めよ。【30点】

(2) C と x 軸とで囲まれた図形の面積 S を求めよ。【30点】

	点
	点
	点

答えは次のページ

目標タイム **14分** | 1回目 　分　　秒 | 2回目 　分　　秒 | 3回目 　分　　秒

面積と曲線の長さ

ジャンプ　解答

1 $x^2+y^2=2$ と $y=x^2$ を連立させて解くと実数解は　$(x, y)=(\pm 1, 1)$

円と放物線とで囲まれた部分は y 軸に関して対称なので

$$S = 2\int_0^1 (\sqrt{2-x^2}-x^2)dx = 2\int_0^1 \sqrt{2-x^2}\,dx - \frac{2}{3}$$

$x=\sqrt{2}\sin\theta$ とおくと $dx=\sqrt{2}\cos\theta d\theta$ で

x	0	→	1
θ	0	→	$\frac{\pi}{4}$

ここで，

$$2\int_0^1 \sqrt{2-x^2}\,dx = 2\int_0^{\frac{\pi}{4}} 2\cos^2\theta d\theta$$

$$= 2\int_0^{\frac{\pi}{4}}(1+\cos 2\theta)d\theta = \left[2\theta+\sin 2\theta\right]_0^{\frac{\pi}{4}} = \frac{\pi}{2}+1$$

よって　$S=\dfrac{\pi}{2}+\dfrac{1}{3}$

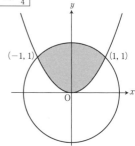

別解

円と放物線の交点を A，B とし，A，B から x 軸にひいた垂線と x 軸との交点をそれぞれ C, D とする。扇形 OAB の半径は $\sqrt{2}$ で中心角の大きさは $\dfrac{\pi}{2}$ である。よって，

$S=($扇型 OAB$)+\triangle OAC+\triangle OBD-($放物線と x 軸と AC, BD で囲まれた部分$)$

$$= \frac{1}{4}\cdot(\sqrt{2})^2\cdot\pi + \frac{1}{2}\cdot 1^2 + \frac{1}{2}\cdot 1^2 - \int_{-1}^1 x^2\,dx = \frac{\pi}{2}+\frac{1}{3}$$

2 (1)　$\dfrac{dx}{d\theta}=a(1-\cos\theta),\ \ \dfrac{dy}{d\theta}=a\sin\theta$ なので

$$L = \int_0^{2\pi} \sqrt{a^2(1-\cos\theta)^2+a^2\sin^2\theta}\,d\theta$$

$$= a\int_0^{2\pi}\sqrt{2-2\cos\theta}\,d\theta = a\int_0^{2\pi}\sqrt{2\cdot 2\sin^2\frac{\theta}{2}}\,d\theta \cdots ①$$

$0\leqq\theta\leqq 2\pi$ で　$\sin\dfrac{\theta}{2}\geqq 0$ なので

$$① = 2a\int_0^{2\pi}\sin\frac{\theta}{2}d\theta = 2a\left[-2\cos\frac{\theta}{2}\right]_0^{2\pi} = 8a$$

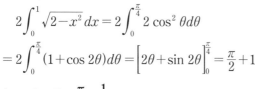

(2)　$dx=a(1-\cos\theta)d\theta$ で

θ	0	→	2π
x	0	→	$2\pi a$

$$S = \int_0^{2\pi a} y\,dx = \int_0^{2\pi} a(1-\cos\theta)\cdot a(1-\cos\theta)\,d\theta = a^2\int_0^{2\pi}(1-\cos\theta)^2\,d\theta$$

$$= a^2\int_0^{2\pi}(1-2\cos\theta+\cos^2\theta)\,d\theta = a^2\int_0^{2\pi}\left(1-2\cos\theta+\frac{1+\cos 2\theta}{2}\right)d\theta$$

$$= a^2\left[\frac{3}{2}\theta-2\sin\theta+\frac{1}{4}\sin 2\theta\right]_0^{2\pi} = 3\pi a^2$$

12 限目 体積

☆ ドラ桜語録 ☆

テストで大切なのは効率だ。一問を完璧に解けても他がだめだと点数は低い。（第6巻）

1 ▶ 空間内の立体 F を x 軸に垂直な面 $x=t$ で切断したときの面積が $S(t)=|\tan t|$ であるとき，2平面 $x=\dfrac{\pi}{6}$ と $x=\dfrac{\pi}{3}$ ではさまれた F の部分の体積 V を求めよ。【50点】

2 ▶ $y=x^2$ と $y=x$ で囲まれる部分を x 軸のまわりに1回転して得られる立体の体積を求めよ。【50点】

答えは次のページ

2 を解くとき，面積の公式と体積の公式をごっちゃにして $\pi\displaystyle\int_0^1(x-x^2)^2dx$ としないようにな。

桜木MEMO

空間内の立体 F を x 軸に垂直な平面 $x=t$ で切断したときの切断面の面積が $S(t)$ であれば，2平面 $x=a$ と $x=b$ ではさまれた F の部分の体積は $\displaystyle\int_a^b S(x)dx$ である。

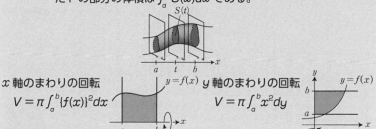

x 軸のまわりの回転
$$V=\pi\int_a^b\{f(x)\}^2dx$$

y 軸のまわりの回転
$$V=\pi\int_a^b x^2dy$$

点

点

点

1 $V = \displaystyle\int_{\frac{\pi}{6}}^{\frac{\pi}{3}} S(x)\,dx = \int_{\frac{\pi}{6}}^{\frac{\pi}{3}} |\tan x|\,dx = \int_{\frac{\pi}{6}}^{\frac{\pi}{3}} \tan x\,dx$

$\quad = \displaystyle\int_{\frac{\pi}{6}}^{\frac{\pi}{3}} \frac{\sin x}{\cos x}\,dx = \Big[-\log|\cos x|\Big]_{\frac{\pi}{6}}^{\frac{\pi}{3}} = \dfrac{1}{2}\log 3$

2 求める体積をVとすると，

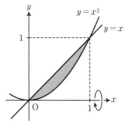

$V = \pi \displaystyle\int_0^1 x^2\,dx - \pi \int_0^1 (x^2)^2\,dx$

$\quad = \pi \displaystyle\int_0^1 \{x^2 - (x^2)^2\}\,dx$

$\quad = \pi \Big[\dfrac{1}{3}x^3 - \dfrac{1}{5}x^5\Big]_0^1$

$\quad = \dfrac{2}{15}\pi$

あっ，また同じまちがいを……。

面積の公式と体積の公式の混同か？

πのつけわすれだよォ。

1 ▶底面積が S で高さが h の角錐の体積を積分を用いて求めよ。

【30点】

2 ▶曲線 $y = xe^x$ と x 軸と2直線 $x = 1$, $x = 3$ で囲まれる部分を x 軸のまわりに1回転して得られる立体の体積を求めよ。

【35点】

3 ▶$x \geqq 0$ のとき，曲線 $y = \sin x$ と直線 $y = \dfrac{2}{\pi}x$ で囲まれる部分を x 軸のまわりに1回転して得られる立体の体積を求めよ。

【35点】

点

点

点

答えは次のページ

1　角錐の頂点を O とし，これを原点とする。x 軸を底面に垂直な直線にとり，底面に向かう方向を正の向きとする。x 軸上の点 $x(0 \leqq x \leqq h)$ を通って，x 軸に垂直な平面による角錐の切断面は底面と相似で，相似比は $x:h$ であるので，その面積は $S(x) = \dfrac{x^2}{h^2} S$ である。

よって

$$\int_0^h S(x)dx = \int_0^h \frac{x^2}{h^2} S \, dx = \frac{S}{h^2}\left[\frac{1}{3}x^3\right]_0^h = \frac{1}{3}Sh$$

2　求める体積を V とすると

$$V = \pi \int_1^3 (xe^x)^2 \, dx = \pi \int_1^3 x^2 e^{2x} \, dx$$

$$= \pi \int_1^3 x^2 \left(\frac{1}{2}e^{2x}\right)' dx$$

$$= \pi \left[\frac{1}{2}x^2 e^{2x}\right]_1^3 - \pi \int_1^3 xe^{2x} \, dx$$

$$= \pi \left[\frac{1}{2}x^2 e^{2x}\right]_1^3 - \pi \int_1^3 x\left(\frac{1}{2}e^{2x}\right)' dx$$

$$= \pi \left[\frac{1}{2}x^2 e^{2x}\right]_1^3 - \pi \left[\frac{1}{2}xe^{2x}\right]_1^3 + \pi \int_1^3 \frac{1}{2}e^{2x} \, dx$$

$$= \frac{\pi}{2}\left[\left(x^2 - x + \frac{1}{2}\right)e^{2x}\right]_1^3 = \frac{\pi}{4}(13e^6 - e^2)$$

3　$x \geqq 0$ のとき，$y = \sin x$ と $y = \dfrac{2}{\pi}x$ の交点の座標は $(0, 0)$，$\left(\dfrac{\pi}{2}, 1\right)$

このこととグラフより，求める体積を V とすると

$$V = \pi \int_0^{\frac{\pi}{2}} \left(\sin^2 x - \frac{4}{\pi^2}x^2\right)dx$$

$$= \pi \int_0^{\frac{\pi}{2}} \left(\frac{1 - \cos 2x}{2} - \frac{4}{\pi^2}x^2\right)dx$$

$$= \pi \left[\frac{1}{2}x - \frac{1}{4}\sin 2x - \frac{4}{3\pi^2}x^3\right]_0^{\frac{\pi}{2}} = \frac{1}{12}\pi^2$$

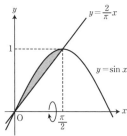

1 ▶ 曲線 $y = \log x$ と y 軸，および 2 直線 $y = -\log 2$，$y = \log 2$ で囲まれる部分を y 軸のまわりに 1 回転して得られる立体の体積を求めよ。【50 点】

2 ▶ 曲線 $y = -4x^2 + 4x$ と y 軸，および直線 $y = 1$ で囲まれる部分を y 軸のまわりに 1 回転して得られる立体の体積を求めよ。

【50 点】

点

点

点

答えは次のページ

目標タイム **12分**　1回目　　分　　秒　2回目　　分　　秒　3回目　　分　　秒

1 $y=\log x$ より $x=e^y$　これより求める体積を V とすると,

$$V=\pi\int_{-\log 2}^{\log 2}(e^y)^2\,dy$$
$$=\pi\left[\frac{1}{2}e^{2y}\right]_{-\log 2}^{\log 2}$$
$$=\frac{15}{8}\pi$$

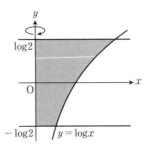

2 求める体積を V とすると,

$$V=\pi\int_0^1 x^2\,dy=\pi\int_0^{\frac{1}{2}}x^2\frac{dy}{dx}dx$$

y	$0 \to 1$
x	$0 \to \frac{1}{2}$

$$=\pi\int_0^{\frac{1}{2}}x^2(-8x+4)dx$$
$$=\pi\int_0^{\frac{1}{2}}(-8x^3+4x^2)dx$$
$$=\pi\left[-2x^4+\frac{4}{3}x^3\right]_0^{\frac{1}{2}}=\frac{\pi}{24}$$

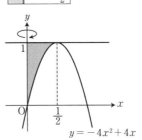

監修者紹介

牛瀧　文宏
1962 年兵庫県生まれ。大阪大学理学部数学科卒業。同大学院博士課程修了。理学博士。現在，京都産業大学理学部数理科学科教授。啓林館の高等学校数学科教科書の編著作者。『これでわかる！パパとママが子どもに算数を教える本』（メイツ出版，監修），『小中一貫（連携）教育の理論と方法—教育学と数学の観点から』（ナカニシヤ出版，共著），『初歩からの線形代数』（講談社）など著書多数。

三田　紀房
1958 年生まれ，岩手県北上市出身。明治大学政治経済学部卒業。代表作に『ドラゴン桜』『インベスター Z』『エンゼルバンク』『クロカン』『砂の栄冠』など。『ドラゴン桜』で 2005 年第 29 回講談社漫画賞，平成 17 年度文化庁メディア芸術祭マンガ部門優秀賞を受賞。現在，「ヤングマガジン」にて『アルキメデスの大戦』，「グランドジャンプ」にて『Dr.Eggs ドクターエッグス』を連載中。

NDC411　　　　78p　　　　21cm

新学習指導要領対応（2022年度）
ドラゴン桜式　数学力ドリル　数学Ⅲ

2023年 1 月 20 日　第 1 刷発行
2024年 9 月 6 日　第 2 刷発行

監修者　　牛瀧文宏・三田紀房・コルク・モーニング編集部

発行者　　髙橋明男

発行所　　株式会社　講談社
　　　　　〒112-8001　東京都文京区音羽2-12-21
　　　　　　販売　(03)5395-4415
　　　　　　業務　(03)5395-3615

編　集　　株式会社　講談社サイエンティフィク
　　　　　代表　堀越俊一
　　　　　〒162-0825　東京都新宿区神楽坂2-14　ノービィビル
　　　　　　編集部　(03)3235-3701

印刷所　　株式会社　ＫＰＳプロダクツ

製本所　　株式会社　国宝社

落丁本・乱丁本は購入書店名を明記のうえ，講談社業務宛にお送りください。送料小社負担でお取り替えします。
なお，この本の内容についてのお問い合わせは講談社サイエンティフィク宛にお願いいたします。
定価はカバーに表示してあります。

ISBN978-4-06-530477-8